全国专业技术人员新职业培训教程 ●●●

大数据
工程技术人员 初级
大数据分析与挖掘

人力资源社会保障部专业技术人员管理司　组织编写

中国人事出版社

图书在版编目（CIP）数据

大数据工程技术人员. 初级：大数据分析与挖掘/人力资源社会保障部专业技术人员管理司组织编写. --北京：中国人事出版社，2021

全国专业技术人员新职业培训教程

ISBN 978－7－5129－1682－1

Ⅰ. ①大… Ⅱ. ①人… Ⅲ. ①数据处理-职业培训-教材 Ⅳ. ①TP274

中国版本图书馆 CIP 数据核字（2021）第 219994 号

中国人事出版社出版发行

（北京市惠新东街 1 号 邮政编码：100029）

*

三河市潮河印业有限公司印刷装订 新华书店经销

787 毫米×1092 毫米 16 开本 15.25 印张 228 千字

2021 年 11 月第 1 版 2021 年 11 月第 1 次印刷

定价：**49.00 元**

读者服务部电话：（010）64929211/84209101/64921644

营销中心电话：（010）64962347

出版社网址：http://www.class.com.cn

本书编委会

指导委员会

主　　任：朱小燕

副 主 任：朱　敏　谭建龙

委　　员：陈　钟　王春丽　穆　勇　李　克　李　颀　刘　峰

编审委员会

总 编 审：谭志彬　张正球

副总编审：黄文健　龚玉涵　王欣欣

主　　编：张大斌

编写人员：李东平　钱　进　朱达欣　张步忠　翁曙光　吴子颖

主审人员：王　峥　张大斌

出版说明

　　当今世界正经历百年未有之大变局，我国正处于实现中华民族伟大复兴关键时期。在全球经济低迷，我国加快形成以国内大循环为主体、国内国际双循环相互促进的新发展格局背景下，数字经济发挥着提振经济的重要作用。党的十九届五中全会提出，要发展战略性新兴产业，推动互联网、大数据、人工智能等同各产业深度融合，推动先进制造业集群发展，构建一批各具特色、优势互补、结构合理的战略性新兴产业增长引擎。"十四五"期间，数字经济将继续快速发展、全面发力，成为我国推动高质量发展的核心动力。

　　近年来，人工智能、物联网、大数据、云计算、数字化管理、智能制造、工业互联网、虚拟现实、区块链、集成电路等数字技术领域新职业不断涌现，这些新职业从业人员通过不断学习与探索，将推动科技创新、释放巨大能量，推动人们生产生活方式智能化、智慧化、数字化，推动传统产业转型升级，为经济高质量发展注入强劲活力。我国在技术、消费与应用领域具备数字经济创新领先优势，但还存在数字技术人才供给缺口较大、关键核心技术领域自主创新能力不足、数字经济与实体经济融合的深度和广度不够等问题。发展数字经济，推进数字产业化和产业数字化，推动数字经济和实体经济深度融合，急需培育壮大数字技术工程师队伍。

　　人力资源社会保障部会同有关行业主管部门将陆续制定颁布数字技术领域国家职业技术技能标准，坚持以职业活动为导向、以专业能力为核心，遵循人才成长规律，对从业人员的理论知识和专业能力提出综合性引导性培养标准，为加快培育数字技术人才提供基本依据。根据《人力资源社会保障部办公厅关于加强新职业培训工作的通知》（人社厅发〔2021〕28号）要求，为提高新职业培训的针对性、有效性，进一步发挥新职业培训促进更好就业的作用，人力资源社会保障部专业技术人员管理司组织相关领域的专家学者编写了全国专业技术人员新职业培训教程，供相关领域开展新职业培训使用。

本系列教程依据相应国家职业技术技能标准和培训大纲编写，划分初级、中级、高级三个等级，有的职业划分若干职业方向。教程紧贴数字技术人员职业活动特点，定位于全国平均先进水平，且是相关数字技术人员经过继续教育或岗位实践能够达到的水平，突出该职业领域的核心理论知识、主流技术及未来发展要求，为教学活动和培训考核提供规范和引导，将帮助广大有意或正在从事数字技术职业人员改善知识结构、掌握数字技术、提升创新能力。

希望本系列教程的出版，能够在加强数字技术人才队伍建设、推动数字经济快速发展中发挥支持作用。

目 录

第一章
BI 数据分析

将数据转化成产品或服务是未来企业发展的基础。数据正成为企业最重要的资源之一，它能够引发企业管理的变革。随着越来越多的领域开始应用商务智能技术，企业应用软件也出现了智能化的趋势。

大数据是商务智能的外延拓展，在架构、模型和分析方法等方面都有了新的表现。大数据技术的发展，也拓展了商务智能技术的应用范围，在一定程度上助推了商务智能技术的发展。无论是大数据分析，还是常规的数据分析，都是创造数据资产价值必不可少的工具。

本章以实际工作中使用 BI 工具进行数据分析的项目内容为研究对象，项目内容包括使用网页版 BI 工具作为数据分析工具，导入数据仓库中的集市层数据进行数据关联、格式调整，并选择展示字段进行数据可视化图表制作，最终完成 BI 数据分析。

- **职业功能：** 数据系统应用与数据分析。
- **工作内容：** 使用 BI 工具，导入数据仓库中数据集市层数据，并对数据进行关联、格式调整，选择以度量或维度进行数据可视化图表制作的内容，实现 BI 数据分析。
- **专业能力要求：** 能根据数据应用需求，从不同类型数据系统获取目标数据；能根据分析及挖掘业务需求，进行数据格式调整；能结合业务场景使用工具对数据集进行概要、描述性统计分析；能使用 BI 工具计算关键指标并进行图表展示；能根据产品反馈对可视化页面及图表进行调整和美化。

● **相关知识要求：**掌握常见数据系统访问及获取方式、掌握 Tableau 工具认识与操作、掌握多表连接数据关联及数据字段调整技术、掌握图表形式、度量计算、数据可视化图表、仪表板的创建与使用方式。

第一节　BI 数据分析概述

一、BI 工具概念

BI（Business Intelligence）即商务智能（亦或称为商业智能），它通常指的是一套完整的数据集成和分析解决方案，其作用是将企业中现有数据进行有效地整合、快速准确地制作报表、为企业提供决策依据并帮助企业做出明智的业务经营决策。商务智能的概念最早在 1996 年提出。当时商务智能的定义是一类由数据仓库（或数据集市）、报表查询、数据分析、数据挖掘、数据备份和恢复等部分组成的、用以帮助企业决策的技术及其应用。

在信息化时代，许多领域（如金融、电信等领域）的数据量激增。一些信息化基础较好的行业企业，一旦完成了数据的集中，就势必会产生使用商务智能分析数据价值的需求。如果使用大数据技术对数据进行复杂的编程和模型构造，会提高业务运营人员以及营销指标设计人员等非技术岗位人员的学习门槛。因此，企业需要快速精准地实现数据分析效果的工具，以进行业务决策分析。

（一）什么是 BI 工具

BI 工具即商务智能（Business Intelligence）工具的英文缩写。商务智能工具的实现技术和应用方法会根据解决方案的不同而呈现出广泛性和多样化。有些工具专注于数据的提取、转换和加载（Extract-Transform-Load，ETL）功能，以便更好地组织和使用数据；有些工具专注于更广泛的企业应用，如数据的混搭和集成，旨在打破数据孤岛，以帮助企业根据来自不同部门系统的信息做出组织决策；有些工具更侧重于自助服务功能和最终用户体验，旨在提供丰富的开发接口并允许使用者自定义所需要的功能和模型；还有些工具则专注于支持其他应用程序的分析，即"嵌入式 BI"或"嵌入式分析"，旨在整合各种附加功能，使其更易于集成到已有的系统中。BI 工具不仅让数据更容易被理解，更能够让数据分析井然有序。

BI 工具所应对的场景依据不同的企业业务而显现出差异。随着时间的推移，已经问世的工具类型也变得更加具有针对性。BI 套件中往往提供了各种各样的分析和统计方法或工具，用户可以将这些方法或工具根据需求纳入解决方案。以下是许多现代 BI 套件中使用的一些主要工具类型：企业报告、仪表板、自助 BI、在线分析处理、实时分析、云 BI、嵌入式 BI、开源 BI、预测分析等。

所有这些工具都提供了便捷的使用方法，以便为决策者提供可视化数据展示。这些数据的可视化可以由图表、小部件、表格、关键性能指标或其他类型的数据组件实现。

无论使用哪个工具，结果仍然趋于增加组件与数据的交互性。这是因为数据发现是数据分析过程中的重要组成部分，并且受到各工具开发厂商的重视。一些 BI 平台也包括了其他的分析功能，例如能使用统计建模功能进行预测分析等。

（二）主流的 BI 工具

自商务智能这一概念诞生以来，国内外的 BI 工具层出不穷。IBMCognos、SAP BO、Oracle BIEE 和 MicroStrategy 等都是传统的 BI 软件。传统的 BI 工具的特点是需要进行前期建模操作，建模由 IT 部门生产和创建，有较高的操作门槛，并且其分析结果的报告需要提前预定义，分析结果的分发只是较为原始的导出复制方式，不便于团队协作开发。

而在大数据时代背景下，不少企业调整了其部门的组织结构，使业务人员更加专注于对运营结果的把控，因此需要门槛更低、操作周期更短、支持团队协作开发的工具。精简的操作方式、拖拽式的图表生成方法、支持 SQL 的数据查询方式成为当前 BI

工具的发展趋势。Tableau、FineBI、DataFocus 等工具成为当下流行的 BI 工具。

新型企业中，数据驱动中心结构使得每个业务人员都能够快速地进行数据分析，并以可视化方式观察分析结果，从而提高企业的业务决策能力，降低对 IT 运维人员的依赖。

新的数据流通模式速度更快、效率更高。传统的 BI 工具构建一个业务模型，从设计到编码到最终应用往往需要花费大量的时间，用来收集数据、设计数据处理的方法以及制作图表。业务人员对业务细节的深入洞察取决于报告质量，而报告质量由技术人员负责，在没有业务指导或者业务人员与技术人员沟通交流的前提下，决策就不够可靠。新型的 BI 工具能够快速且实时匹配各种大数据系统中的数据源，并对其进行数据收集，还能以更加便捷的低代码化乃至无代码化方式进行数据处理和图表制作，能够即时产生数据洞察并且形成决策，大幅度缩短整个数据分析的周期，简化项目人员结构及沟通成本。

二、可视化数据收集与分析工具 Tableau

BI 数据分析不仅仅是面向技术人员，同时也面向业务经营人员和决策分析人员。数据分析师与数据处理工程师之间的界限逐渐模糊，BI 工具的使用也逐渐简化并过渡到低代码及无代码的产品形态。

（一）Tableau 工具介绍

Tableau 是目前全球流行的且易于上手的报表分析工具，其专注于可视化分析。Tableau 能够帮助用户快速实现可视化分析并分享信息，协助用户进行数据的检查、理解及应用。在新一代 BI 工具中，Tableau 以简洁的界面风格、简易的操作方式而广受国内外企业的欢迎。Tableau 公司将数据运算与美观的图表完美地嫁接在一起。Tableau 使用便捷，它可以将大量数据以拖拽的方式，放置到数字"画布"上，快速创建好各种图表。这一软件的理念是：界面上的数据越容易操控，公司越能够透彻了解自己在所在业务领域里的决策是正确还是错误。

Tableau 包括个人电脑所安装的桌面端软件 Tableau Desktop 和企业内部数据共享的

服务器端 Tableau Server 两种形式，其通过 Desktop 与 Server 相配合，实现报表从制作到发布共享、再到自动维护的全过程。

Tableau Desktop 是一款桌面端分析工具。此工具支持现有的各种主流数据源类型，包括 MicrosoftExcel、文本文件、JSON 文件、Web 数据源、关系数据库（Microsoft SQL Server、MySQL、ORACLE 等）和多维数据库。

TableauDesktop 可以连接到一个或多个数据源，支持单数据源的多表连接和多数据源的数据融合，可以轻松地对多来源数据进行整合分析，而无须操作者具有编码基础。连接数据源后，操作者只需用拖拽或点击的方式，就可快速地创建出交互、精美、智能的视图和仪表板。任何 Excel 用户甚至是 Excel 零基础的用户都能很轻松地使用 Tableau Desktop 直接进行数据分析，从而摆脱对开发人员的依赖。

Tableau Server 是一款基于 Web 平台的商业智能应用程序，可以通过用户权限和数据权限管理 Tableau Desktop 制作的仪表板，同时也可以发布和管理数据源。当业务人员用 Tableau Desktop 制作好仪表板后，可以把交互式仪表板发布到 Tableau Server。因为 Tableau Server 是 B/S（Browser/Server，浏览器/服务器模式）结构的商业智能平台，其基于浏览器的分析技术，适用于任何规模的企业和部门。用户可以借助 Tableau Server 分享信息，实现在线互动，实时获取企业经营动态。其他查看报告的人员可以通过浏览器或者免费 App 对分析报告进行浏览、筛选、排序。同时，Tableau Server 支持数据的定时、自动更新，无须业务人员定期重复地制作报告。

Tableau Server 可提升整个组织内的数据价值，在可信环境中自由探索数据，不受限于预定义的问题、向导或图表类型，管理者不用再担心组织内的数据和分析是否受到管控、是否安全、是否准确。总体来讲，Tableau Server 部署轻松、集成稳定、扩展简单、可靠性高。

Tableau 被众多 IT 测评机构描述为"一款颠覆传统的 BI 工具"，它是一款替代运行缓慢而又死板的传统商务智能的极速 BI 工具。

（二）Tableau 工具特点

Tableau 相比于传统的商务智能分析工具，具有以下优势。

1. 数据可视化

Tableau 是一种数据可视化工具，可提供复杂的计算。

2. 快速创建交互式可视化

用户可以通过使用 Tableau 的拖拽功能来创建交互的可视化图表。

3. 易于实现

Tableau 中提供了多种类型的可视化选项，可增强用户体验。与 Python 相比，Tableau 非常易于学习。对编码没有任何概念的使用者也可以快速学习 Tableau。

4. 可以处理大量数据

Tableau 可以轻松处理数百万行数据。大量数据可以创建不同类型的可视化图表，而不会影响仪表板的性能。不仅如此，Tableau 中还有一个选项，用户可以用它灵活连接不同的数据源，例如 SQL 等。

5. 在 Tableau 中使用其他脚本语言

为了在 Tableau 中进行复杂的表计算，并避免产生性能问题，用户可以使用 Python 或 R 语言脚本。使用 Python 脚本，用户可以通过对数据包执行数据清理任务来减轻软件的负担。但是，Python 不是 Tableau 接受的本机脚本语言。因此，可以通过导入一些软件包或视觉效果来解决这一问题。

6. 移动支持和响应式仪表板

Tableau 仪表板具有出色的报告功能，可帮助分析者自定义仪表板，用于移动设备或笔记本电脑等设备。

三、了解数据集市

一般而言，数据仓库分成若干层，面向不同的主题以及数据消费者。而对于进行 BI 数据分析的数据处理人员来说，获取数据源的位置便是数据集市层。数据集市（Data Mart）也叫数据市场，其作用是满足特定的部门或者用户按照多维的方式（包括定义维度、需要计算的指标、维度的层次等）进行信息存储的数据模型。

数据集市层中的数据有规模小、定向应用、面向部门等特点，由业务部门定义和开发，因此可以被看作是数据仓库中专门用丁进行决策分析使用的数据了集。

（一）大数据场景下的数据集市工具

一般而言，数据集市分为独立型和从属型两种类型。

独立型数据集市的数据来自操作型数据库，是为了满足特殊用户而建立的一种分析型环境。这种数据集市的开发周期一般较短，具有灵活性，但是由于其脱离了数据仓库，独立建立的数据集市可能会导致信息孤岛的存在。

从属型数据集市的数据来自企业的数据仓库，其会导致开发周期的延长，但是从属型数据集市在体系结构上比独立型数据集市更稳定，可以提高数据分析的质量，保证数据的一致性。

大数据背景下，构建数据仓库时通常会使用 Hive 作为数据仓库工具，用以构建海量数据的结构化存储。然而，Hive 本身有查询速度慢的缺点，无法满足业务分析人员对数据获取速度的要求。因此，在需要进行大量查询的时候，会通过提取、转换、加载技术，将较小的数据处理结果集导入各种 OLAP（online analytical processing，联机分析处理）系统中，用以对事务进行数据分析。而 OLAP 系统则包含多种选择方式，有使用 MOLAP（multidimension OLAP，多维 OLAP）系统构建数据立方体，也有使用 ROLAP（relational OLAP，关系型 OLAP）系统构建二维表模式，更有新型的 HOLAP（Hybrid OLAP，混合型 OLAP）混合式联机事务分析系统。

在数据提取、转换、加载的过程中，通过数据仓库各层次的处理，存储到各主题的数据集市中的数据已缩小了相当规模，因此也有不少企业直接将数据结果存储到 MySQL 数据库中。

（二）数据集市中常用的数据结构

数据集市中数据的结构通常被描述为星形结构或雪花结构。当所有维表都直接连接到事实表上时，模型图的形状就像星星一样，故将该模型称为星形模型（star schema）。当有一个或多个维表没有直接连接到事实表上，而是通过其他维度表连接到事实表上时，其图形就像多个雪花连接在一起，故称雪花模型（snowflake schema）。

1. 星形模型

星形模型是一种非正规化的模型，如图 1-1 所示。多维数据集的每一个维度都直接与事实表相连接，不存在渐变维度，所以数据有冗余。如在地域维度表中，存在 A 国家 B 省的 C 城市以及 A 国家 B 省的 D 城市两条记录，那么 A 国家和 B 省的信息分别被存储了两次，即存在数据冗余。

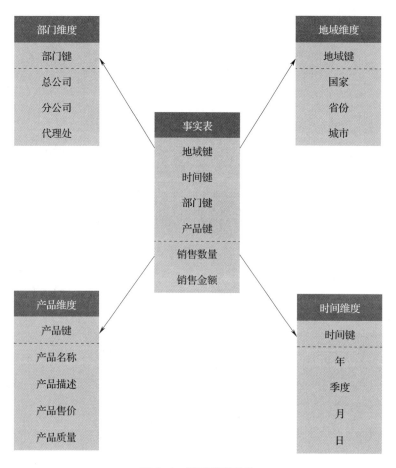

图 1-1　星形模型结构

星形模型强调的是对维度进行预处理，其将多个维度集合到一个事实表中，因表的字段较多，称之为宽表（wide table）。这也是在使用 Hive 时，经常会看到一些大宽表的原因，因为大宽表一般都是事实表，而维度表则是事实表里面各维度的具体信息。

2. 雪花模型

雪花模型是星形模型的变体，它将星形模型的维度表进一步层次化，如图 1-2 所示。原有的各维度表可能被扩展为小的事实表，形成一些局部的"层次"区域，这些被分解的表都连接到主维度表而不是事实表。如将地域维度表分解为国家、省份、城市等维度表。它的优点是：可以通过最大限度地减少数据存储量、联合较小的维度表来改善查询性能，从而去除数据冗余。但是在分析数据的时候，该模型操作比较复杂，需要连接的表比较多，所以其性能并不一定比星形模型高。

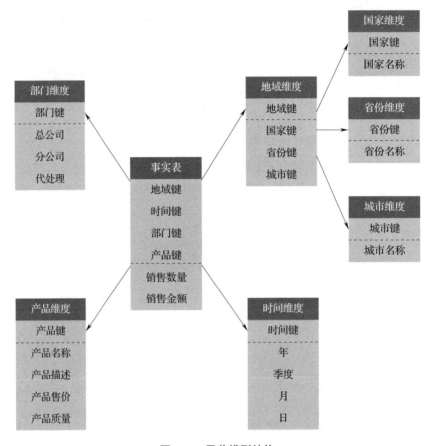

图 1-2　雪花模型结构

星形模型一般情况下效率比雪花模型要高。因为星形模型不用考虑很多正规化的因素，设计与实现起来都比较简单。而雪花模型由于去除了冗余，使得部分统计需要通过表的连接才能产生，因此降低了数据仓库中的计算速度，所以通常情况下其效率较星形模型低。因此在冗余的程度可以接受的前提下，实际运用中星形模型使用得更多，也更有效率。

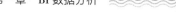

第二节　BI 数据分析的数据准备

一、项目介绍及工程创建

（一）项目介绍

金融行业是可以大量产生数据，并且依赖数据进行经营决策的典型行业。但随着如今互联网金融行业的发展，原有的信用卡业务不断受到冲击，越来越多的客户不再使用信用卡服务。因此，银行希望借助于数据的特征，利用 BI 数据分析的方法，分析易流失客户的特征，进行一系列的业务精准推送与投放，以便主动向客户提供更好的服务，并让客户重新选择信用卡服务。

在进行项目之前，需要从数据集市中获取相关的业务数据。在本项目中，所使用的工具为 Tableau Server，用户可以在 Web 端进行相关实验的操作。

Tableau Server 的主要功能端口为 IP:80 端口，8850 为其管理端口。一般情况下，用户只需要通过已经开放的账户进入对应的系统，便可开始进行一系列数据分析操作。

（二）工程创建

在首页内容标签下的项目页面，会显示当前整个 Tableau 中的所有项目信息，首次进入时，会显示有 Default 和 Tableau Samples 两个项目，分别为默认项目和示例项目。示例项目中的示例数据报表图片和内容可用于参考。

点击 "+新建项目" 按钮，便可创建新的项目。在新建项目页，只需要简单地配置项目名称，如图 1-3 所示。

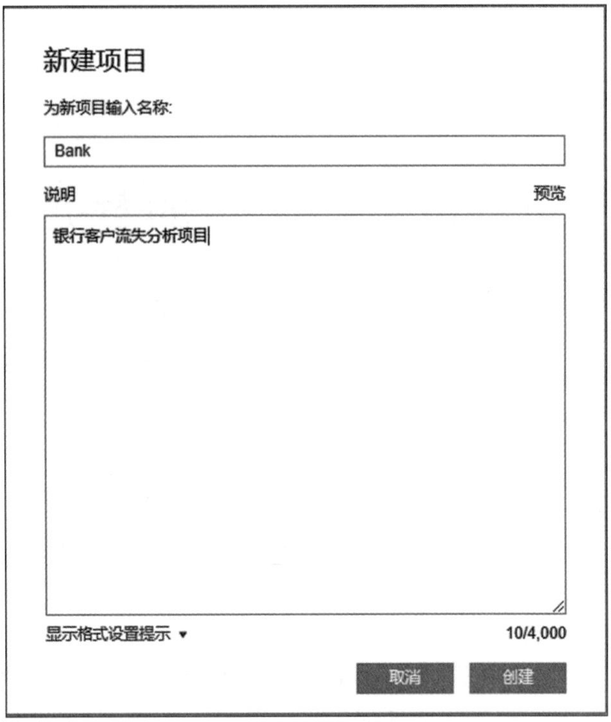

新建项目

为新项目输入名称：

> Bank

说明   预览

> 银行客户流失分析项目|

显示格式设置提示 ▼   10/4,000

取消   创建

图 1-3　创建项目弹窗

创建一个名为"Bank"的项目，用以分析银行客户的相关特征。点击项目的卡片即可进入具体的项目中。

进入项目之后，看到的是以项目、工作簿、视图、数据源和详细信息等标签构成的页面。在进行分析之前，需要先获取到数据。

（三）设置数据源

在工作簿标签下，点击"+新建工作簿"会跳出新的页面，并跳出弹窗"连接到数据"，如图 1-4 所示。

在此弹窗中，可以根据当前工作簿的数据源进行数据获取与配置。文件页面，可以直接拖拽或者点击计算机上载等方式，拖放 CSV、TXT 或者 JSON 文件。而当前项目中，数据已从数据仓库中导出至 MySQL 数据库中。接下来选择"连接器"标签，如图 1-5 所示。

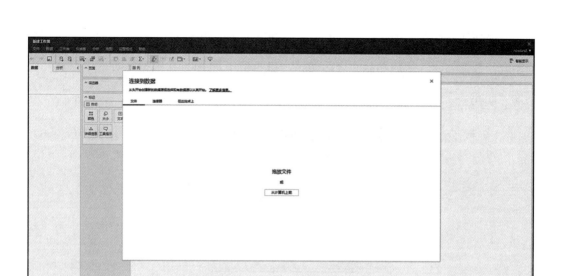

图 1-4 连接到数据

连接到数据

从头开始创建新的数据源或选择现有数据源以从其开始。了解更多信息。

文件　　**连接器**　　在此站点上

Amazon Aurora	Pivotal Greenplum Database
Amazon Redshift	PostgreSQL
Denodo	Snowflake
Exasol	Vertica
Google Cloud SQL	
IBM DB2	
MemSQL	
Microsoft SQL Server	
MySQL	
Oracle	

图 1-5 选择"连接器"标签

在连接器中可以看到各种默认数据源，可通过安装相应数据驱动来配置新的数据源。基础版本的 Tableau 不带有默认驱动，需要下载并安装驱动。相关的安装方法可以参考 Tableau 官网中针对各个不同系统的驱动程序下载说明。网址为 https://www.tableau.com/zh-cn/support/drivers。

点击连接器中的"MySQL"，并配置服务器的 IP、用户名以及密码，即可访问数据系统。数据系统连接成功后，会跳转到"数据源"页面。在数据源页面中，选择数据库"analysis"，如图 1-6 所示。

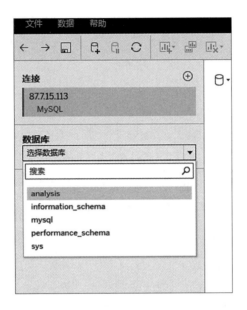

图 1-6　选择数据库"analysis"

左侧数据表中将会出现该数据库中的所有数据表，可以通过拖拽多个数据表至右侧区域中，并且配置表之间的关联关系，如：内部、左侧、右侧、完全外部，分别对应 SQL 中的内连接、左连接、右连接和全连接，如图 1-7 所示。

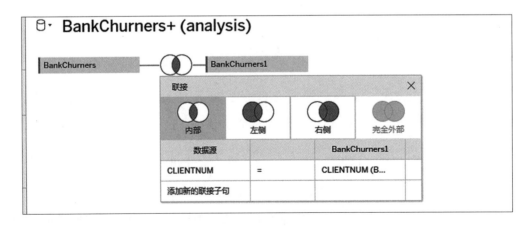

图 1-7　选择关联方式

在此项目中，暂不需要进行表关联，可以右键点击右侧的表并选择移除。在整个页面的下方是数据展示区域，配置好数据信息后需点击立即更新，刷新查询结果。查询结果将以表格或数据行的形式进行呈现，如图1-8所示。可对数据进行各种排序的调整，并且可以点击相关的列标签，进行复制、重命名或隐藏。相关操作不会影响到原有数据库中所存储的数据。

BankChurners CLIENTNUM	BankChurners Attrition_Flag	BankChurners Customer_Age	BankChurners Gender	BankChurners Dependent_count	BankChurners Education_Level	BankChurners Marital_Status	BankChurners Income_Category	BankChurners Card_Category	BankChurners Months_on_book	BankChurners Total_Relationship_Count	BankChurners Months_Inactive_12_mon	Ba Co
768805383	Existing Customer	45	M	3	High School	Married	$60K - $80K	Blue	39	5	1	3
818770008	Existing Customer	49	F	5	Graduate	Single	Less than $40K	Blue	44	6	1	2
713982108	Existing Customer	51	M	3	Graduate	Married	$80K - $120K	Blue	36	4	1	0
769911858	Existing Customer	40	F	4	High School	Unknown	Less than $40K	Blue	34	3	4	1
709106358	Existing Customer	40	M	3	Uneducated	Married	$60K - $80K	Blue	21	5	1	0
713061558	Existing Customer	44	M	2	Graduate	Married	$40K - $60K	Blue	36	3	1	2
810347208	Existing Customer	51	M	4	Unknown	Married	$120K +	Gold	46	6	1	3
818906208	Existing Customer	32	M	0	High School	Unknown	$60K - $80K	Silver	27	2	2	2
710930508	Existing Customer	37	M	3	Uneducated	Single	$60K - $80K	Blue	36	5	2	0

图1-8 数据查询结果

二、数据观察

（一）字段含义

在所获取的数据集中，包含的字段含义如下：

1. 客户编号

CLIENTNUM：int 类型，客户编号，拥有账户的客户的唯一标识符。

2. 客户活动变量

Attrition_Flag：String 类型，如果账户已关闭则为1，否则为0。

3. 受众特征变量

Customer_Age：int 类型，客户的年龄（岁）。

Education_Level：String 类型，账户持有人的教育资格。

Marital_Status：String 类型，例如：已婚、单身、离婚、未知。

4. 人口统计变量

Gender：String 类型，性别，M 为男性，F 为女性。

Dependent_count：int 类型，家庭中受抚养人数量。

Income_Category：String 类型，账户持有者的年收入类别（＜＄40K，＄40K~60K，＄60K~80K，＄80K~120K，＞＄120K，未知）。

5. 产品类别变量

Card_Category：String 类型，卡类型（蓝色，银色，金色，白金）。

6. 指标变量

Months_on_book：int 类型，与银行的关系期。

Total_Relationship_Count：int 类型，客户持有的产品数量。

Months_Inactive_12_mon：int 类型，过去 12 个月内没有用卡记录的月数。

Contacts_Count_12_mon：int 类型，过去 12 个月的联系人数。

Creadit_Limit：decimal 类型，信用卡的信用额度。

Total_Revolving_Bal：int 类型，信用卡总周转余额。

Avg_Open_TO_By：decimal 类型，开放购买信用额度（过去 12 个月的平均值）。

Total_Amt_Chng_Q4_Q1：decimal 类型，交易金额变化（上一年第 4 季度到下一年第 1 季度）。

Total_Trans_Amt：int 类型，总交易金额（过去 12 个月）。

Total_Trans_Ct：int 类型，交易总数（过去 12 个月）。

Total_Ct_Chng_Q4_Q1：decimal 类型，交易计数变化（上一年第 4 季度到下一年第 1 季度）。

Avg_Utilization_Ratio：decimal 类型，平均卡利用率。

（二）工作簿界面介绍

除了从查询结果中浏览数据特征以外，还可以通过简单的图表分析各类数据的特征情况。点击下方数据源右侧的"sheet1"，新建一个工作簿，进入工作簿界面，如图 1-9 所示。工作簿左侧为数据模型区域，可以选择和设置数据源中所获取的数据字段的类型。字段类型分为维度和度量两种类型。字段类型并非一成不变，初始状态可以根据数据格式进行默认设置，可以通过拖拽的方式，将度量字段拖拽到维度字段中。页面的中间部分为一系列子功能区，能够设置图表中的大小、颜色等信息。页面的右侧为画布区，可以在此区域通过配置图表的行和列，快速地构建一个图表。

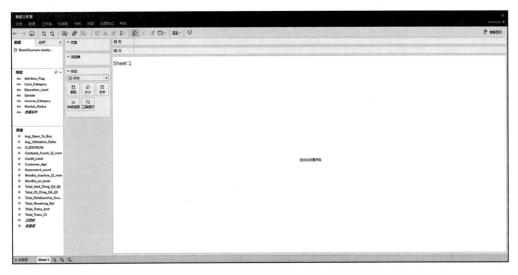

图 1-9　工作簿界面

在界面的右侧，有一个智能显示按钮，可以为已创建的图表设置智能图形。其下方是工作簿列表，通过双击工作簿名称，对工作簿进行重命名。可以将当前的工作簿命名为"数据观察"。

（三）描述性分析

描述性分析是对数据集进行统计分析的第一个步骤，它是对处理后所得到的大量数据资料进行初步整理和归纳的过程，旨在找出这些数据的内在规律。对数据进行描述性分析的最主要的方式，便是观察数据的一些基本统计信息，如数量、分布情况、最值等。

在 Tableau Server 的工作簿中，将度量中的"记录数"字段拖拽至标记中的"文本"中，便可得到数据样本总量，如图 1-10 所示。

右键点击字段，或者鼠标停留在字段上出现小三角形符号并点击，能够对字段进行相应的设置。通过"移除"该字段可以观察其他数据样本特征。

观察客户的年龄分布时，需要对同一个字段进行不同的操作。拖拽"Customer_Age"字段到画布的列中，并点击右键将其从"度量"设置为"维度"，同时再拖拽"Customer_Age"字段到画布的行中，并点击右键选择"度量"中的"计数"，便能够自动生成一张由各年龄段作为 X 轴坐标、各年龄段客户人数作为 Y 轴坐标的图表，如

图 1-10　数据样本总量

图 1-11 所示。另外，行字段还可以拖拽"度量"中的"记录数"，替代设置为"计数"的"度量"字段。

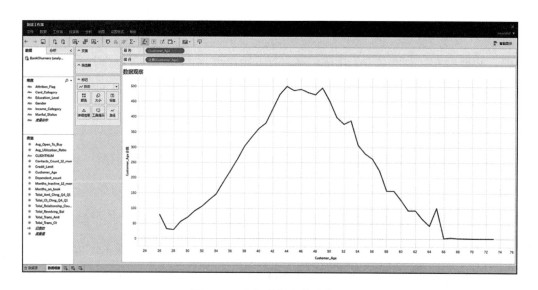

图 1-11　各年龄段客户分布图

如果想要切换数据图表的样式，可以点击标记中的下拉框，选择不同的图例。可以根据不同表示方式，切换成柱状图或者饼图等更加直观的样式。

当对比一个字段的不同特征时，如客户年龄的最大、最小以及平均值时，可以拖拽"度量名称"至列，拖拽"度量值"至行，然后拖拽多个"Costomer_Age"字段到行中，并设置"度量"为"平均值""最大值""最小值"等，去除无关字段，如图 1-12 所示。

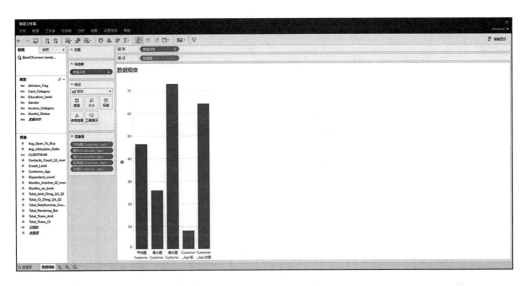

图 1-12　客户年龄特征

当需要对比两个不同的字段在同一维度下的情况时，可以构建双 Y 轴坐标图。例如，构建一个分析各年龄段信用卡额度和过去 12 个月平均消费总金额的图，则会得到并列的、而非合并在一起的两张图，如图 1-13 所示。

图 1-13　各年龄的信用卡平均额度和过去 12 个月消费总金额对比图

这种效果不一定能够符合预期，可以通过点击行中的"平均值（Total_Relationship_Count）"符号，并点击双轴，合并 2 个表，如图 1-14 所示。

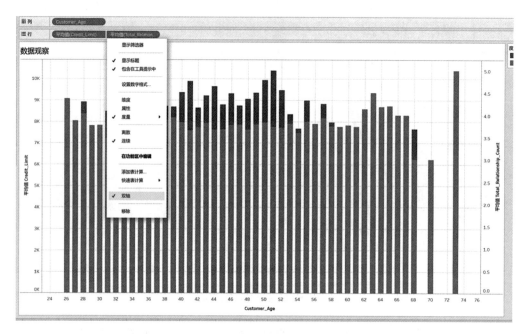

图 1-14 各年龄的信用卡平均额度和过去 12 个月消费总金额双轴图

使用以上方式，可以快速地观察整个数据集中各维度的特征和分布。

第三节 数据报表制作

一、数据指标分析

当前项目中进行分析的目的是找出易流失客户的特征，而从当前已有的各个维度中，可以分析受众特征变量、人口统计变量以及产品类别变量等不同变量对用户群体的流失率的影响。

（一）流失率字段创建

在进行客户群体的流失率分析时，当前并没有一个字段能够直接展示相关流失率的情况。通过拖拽"Attrition_Flag"维度到画布的列中可以看到，对于客户活动变量而言，只存在 2 种结果：Attrited Customer 和 Existing Customer。为了便于观察，可以点击"Attrition_Flag"列中的小三角形中的"编辑别名"，将 Attrited Customer 字段命名为"流失"，将 Existing Customer 字段命名为"正常"，如图 1-15 所示。

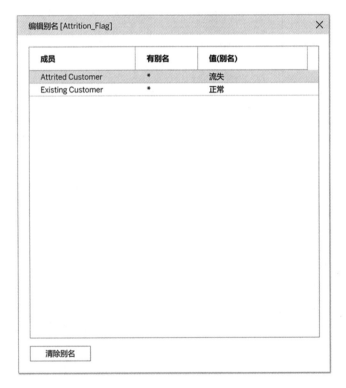

图 1-15　编辑别名

接下来就可以创建流失率的指标。流失率的计算方式为：

$$流失率 = 流失人数 \div 总人数$$

通过点击维度中"Attrition_Flag"选项，下拉点击"创建"中的"计算字段"，如图 1-16 所示。

计算字段中，需先使用 COUNT( ) 函数，统计所有人的人数：

图 1-16　创建计算字段

COUNT([Attrition_Flag])

在编辑框的右侧，有各个函数的详细说明。需参考函数说明中的语法提示进行函数编写，如图 1-17 所示。

图 1-17　函数说明

同时，我们还需要判断流失人数。流失人数可以通过在 COUNT( ) 函数中，嵌套一个 IF 逻辑，每当发现数据集中存在客户活动变量为流失的数据，便返回一个 1，表示发现一条目标数据，并将最终的返回数据集返回给 COUNT( ) 函数进行统计个数，实现计数功能。嵌套的方式如下：

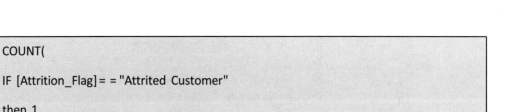

```
COUNT(
IF [Attrition_Flag] = = "Attrited Customer"
then 1
END)
```

最后将流失人数除以总人数，形成完整代码，并将该计算字段命名为流失率，完整代码如图 1-18 所示。

图 1-18　流失率计算字段

将流失率字段拖拽至"标记"中的"标签"上，即可显示客户的流失率数值。

（二）表计算

除了使用计算字段以外，某些情况下还需要创建表计算，来进行全表的复杂计算操作。当分别计算不同性别客户的留存率时，需要计算的不仅是客户流失率，同时还需要计算正常客户的占比。但如果使用计算字段，则难以到达到预期效果。

所以，应通过新建工作簿，并命名为"性别-流失率"，用以分析不同性别的客户留存率情况。拖拽"Gender"字段到画布的列中，标记下方的图形选项为"饼图"，并拖拽"Attrition_Flag"字段到颜色位置，即可生成简单的饼状图。但此时的饼状图中各性别所显示的分布一样，这显然不是正确的结果。于是，通过拖拽"记录数"至标记下的"标签"和"角度"中，并调整度量为"计数"，即可得到不同性别的留存人数饼状图，如图 1-19 所示。

但此时的饼状图所显示的数字为人数，而非常见的百分比，在两组数据呈现出相

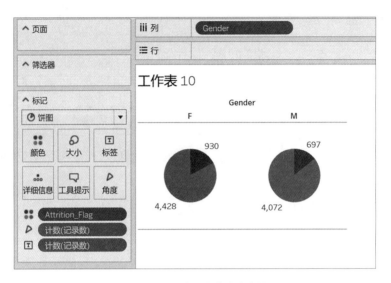

图1-19 不同性别留存人数饼状图

似图形的情况下，难以直观判断数量的相对大小。若要将数字转成百分比，可点击"计数（记录数）"字段的小三角形符号，点击添加"表计算"。在表计算中，将计算类型设置为"合计百分比"，计算依据设置为"特定维度"，勾选"Attrition_Flag"字段，如图1-20所示。

图1-20 将数字转换成百分比的方法

对标签的"计数（记录数）"也设置相同的表计算，便可得到男女性别分别占比的结果。若需要将饼状图的旋转方向调整，可点击"Attrition_Flag"字段的小三角形，点击排序并设置为降序，调整饼状图的旋转方式，如图 1-21 所示。

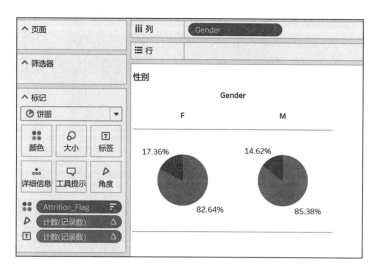

图 1-21　合计百分比饼状图

二、使用 Tableau 创建数据图表

在获得了流失率数据以及掌握了表计算的方法后，就可以快速地分析受众特征变量、人口统计变量以及产品类别变量等对于流失率的影响情况。

（一）年龄-流失率影响图

新建工作簿并命名为"年龄-流失率"。拖拽"Customer_Age"字段至画布的列中，并修改为"维度"。拖拽"流失率"至行中，便可生成各年龄段的客户流失情况分析图，如图 1-22 所示。

若此时需要在此图上进行性别分析，并看到显示不同性别的客户在不同年龄段的流失程度折线图，以便更加直观地判断不同性别的客户流失率情况，则可以将"Gender"字段拖拽至"标记"下的"颜色"中，将"流失率"拖拽至"标签"中，这样就能得到关于不同性别的客户在各年龄段的流失程度折线图，如图 1-23 所示。

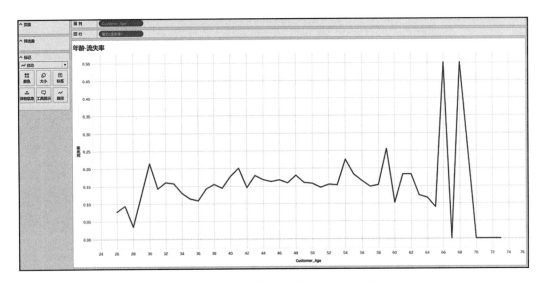

图 1-22　各年龄段客户流失情况分析图

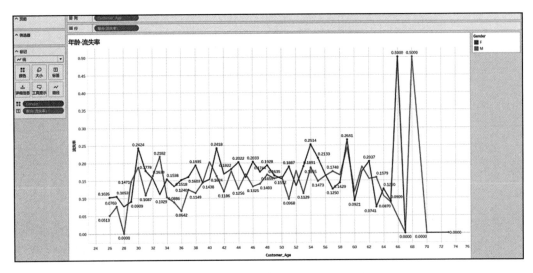

图 1-23　各年龄段不同性别客户流失程度折线图

（二）教育程度-流失率影响图

新建工作簿并命名为"教育程度-流失率"，用以分析教育程度对于客户流失情况的影响。拖拽"Education_Level"字段至画布的列中，并点击该字段的小三角符号，选择"编辑别名"，将"College"编辑为"职业学校"，"Doctorate"编辑为"博士"，"Graduate"编辑为"学士"，"High School"编辑为"高中"，"Post-Graduate"编辑为

"硕士","Uneducated"编辑为"未受教育",如图 1-24 所示。

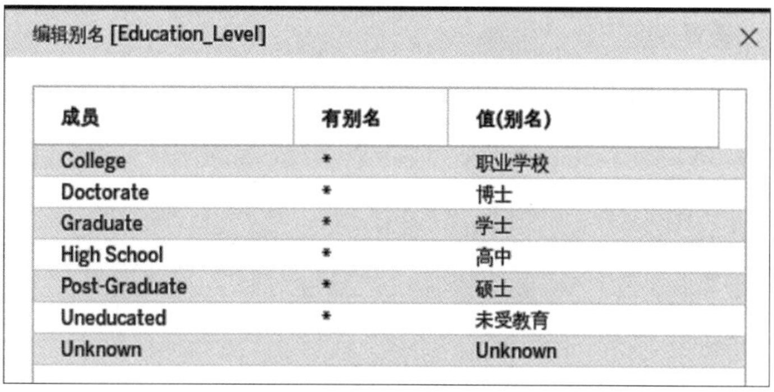

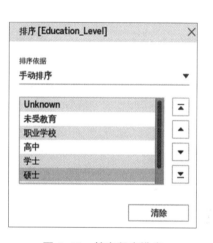

图 1-24 编辑教育程度别名

调整完别名后,还需要根据具体的学历顺序进行顺序的调整,点击小三角中的"排序",在排序依据中选择为"手动排序"。根据学历的高低,点击上下箭头进行排序调整,如图 1-25 所示。

因有部分数据未被统计到,因此在该字段中,存在着"Unknown"的数据,可以点击下方图表中"Unknown"字段,并且选择"排除",排除掉未被统计到的数据,如图 1-26 所示。

图 1-25 教育程度排序

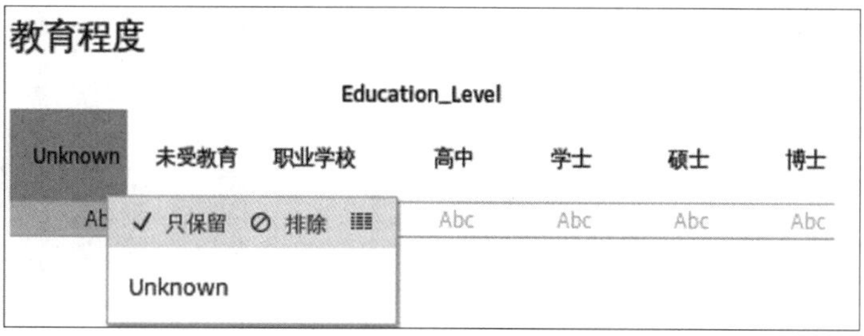

图 1-26 排除未被统计到的数据

被排除后的数据会在筛选器中显示,但筛选器中的数据字段并不会显示详细的排除信息。排除掉"脏数据"后,即可拖拽"流失率"至画布的行中,最终生成各学历客户的流失率曲线图，如图1-27所示。

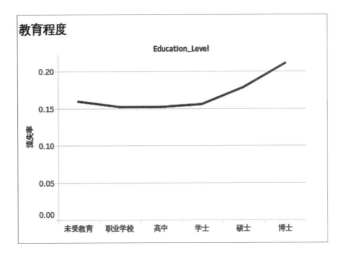

图1-27　各学历客户流失率曲线图

（三）卡类型-流失率影响图

新建工作簿并命名为"卡类型-流失率"，用以分析不同类型的信用卡客户的流失情况。拖拽"Cart_Category"至列中，并设置字段别名："Blue"设置为蓝卡，"Gold"设置为金卡，"Platinum"设置为白金，"Silver"设置为银卡。重置字段值顺序为蓝卡、银卡、金卡和白金。

接着拖拽"流失率"至画布的行中，便能够得到不同类型的信用卡的客户流失情况，如图1-28所示。

为了对比该变量在不同性别状态下不同的流失情况，拖拽"Gender"字段到画布的列中，便能够生成不同性别对照图。但是这样所生成的图中颜色都是一样的，难以形成区分，因此，还需要再将"Gender"字段拖

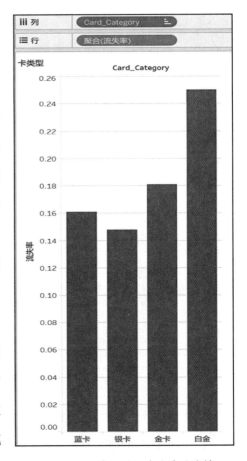

图1-28　不同类型信用卡客户流失情况

拽至"颜色"中，这时候就能够看到不同于总体样本的结果，如图 1-29 所示。

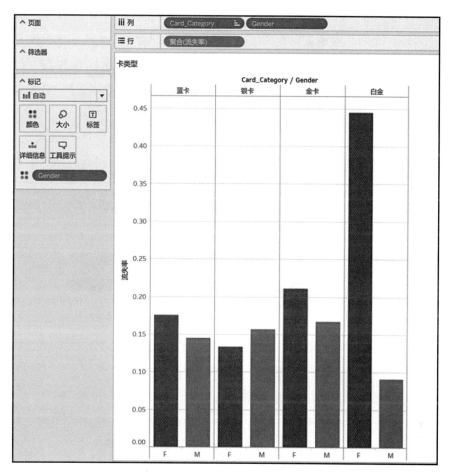

图 1-29 不同类型信用卡的不同性别客户流失情况

（四）婚姻情况-流失率影响表

新建工作簿并命名为"婚姻情况-流失率"，用以分析婚姻情况与客户流失率之间存在的关系。

拖拽"Marital_Status"字段到画布的列中，可以看到婚姻情况由 4 个字段构成，分别为"Divorecd"离婚、"Married"已婚、"Single"单身和"Unknown"未知。分别为这些字段赋予别名，并按照单身→已婚→离婚的顺序排序，同时排除掉未知的情况。

将流失率拖拽至行中，可以看到图表结果呈现为柱状图，但是每个数据之间的具体数值相差不大。想要对比该变量在不同性别状态下不同的流失情况时，可将"Gender"字段拖拽至列及颜色中，得到带有颜色的柱状图。但此时的图表还是不能够精确地反映数据之间的差异。此时可以将其换成数据表。

将"标记"下的图表类型设置为"方形"，并将行中的"聚合（流失率）"拖拽到"标记"下的"标签"区域，同时移除掉代表颜色的"Gender"字段，将"流失率"拖拽到颜色上，以此形成不一样的色块。这样就能够得到数据表，从而更加直观地看到具体的数值差异，如图1-30所示。

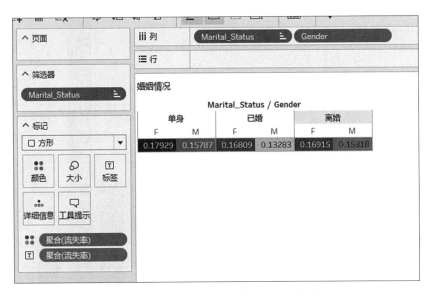

图1-30　不同婚姻情况下不同性别客户的流失情况

考虑到该表的颜色与之前所作的表的颜色风格差异较大，此时可以点击"标记"下的"颜色"区域，点击"编辑颜色"，将调色板中的颜色改为"橙色-蓝色发散"，表结果就能够显示出明

图1-31　调整颜色后所显示的流失情况

显的颜色反差，其中最低值为红褐色，最高值为深蓝色，如图1-31所示。

使用同样的方法，就能够制作其他相关数据变量对于流失率的影响，并选择合适的图形展示方式，将最终结果呈现。如年收入和抚养人数对于流失率的影响，分别如图1-32、图1-33所示。

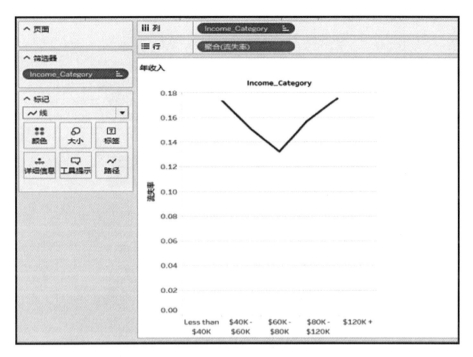

图 1-32 不同年收入客户的流失情况

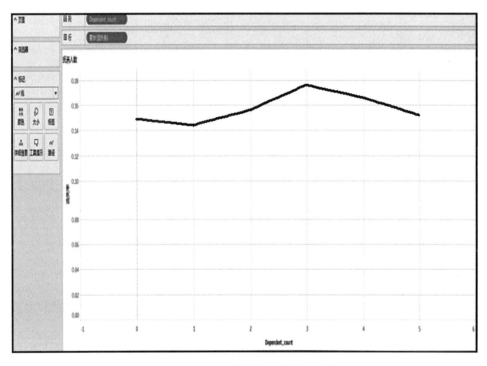

图 1-33 不同抚养人数客户的流失情况

最后，通过统计流失人数，看到流失客户的人数和正常客户的人数，如图 1-34 所示。

图 1-34 流失客户与正常客户人数

三、了解数据仪表板

构造了一系列的图表之后，如果希望将这些图表呈现在同一画面中，以便更加直观地判断哪些因素会对客户的流失情况造成影响，就需要用到数据仪表板。

（一）数据仪表板概述

数据仪表板是数据分析的工具，是对关键数据指标的建模，可将较多的数据维度或者指标同时展示在同一界面上，多维度地呈现单个或少数个指标对于全局维度的影响。数据仪表板有时候也被称为驾驶舱、仪表盘，或者叫作可视化大屏，旨在将数据以图表或地图的可视化形式呈现，以帮助用户了解数据的意义。数据仪表板具有交互的数据切换功能，能使用户更加高效地进行数据分析。

数据仪表板是数据可视化的一种体现，更多以数据图为主，很少出现数据表格，但有些时候也需要用表格来展示详细数据，并且需要对图表做数据描述和数据诊断，以便图表能够更加直观地呈现出所需要的效果。

数据仪表板大多根据一个特定的主题或是分类进行展示。按战略层次自上而下大致可分为三种：战略性仪表板、分析型仪表板和操作型仪表板。根据种类的不同，数据仪表板的设计布局及展示信息也大不相同。在进行规划之前，需要先确定以下几个问题：

- 仪表板的使用者是谁？

- 重要的指标有哪些？

- 制作者希望仪表板能够传达哪些信息？

- 用户期望仪表板可以传播的信息是什么？

1. 战略型仪表板

高层管理者（部门经理、企业高管）常常希望看到战略型仪表板，以便快速掌握企业的运营数据情况，并据此快速做出决策和判断。战略型仪表板主要是基于过去已经发生的运营事实，对过去做出总结，以帮助对未来拟定战略性目标，因此其实时性不是很高，其界面设计需要尽可能简洁明了。

高层管理者通常不具备较高的数据分析能力，那么如何引起他们对数据的兴趣呢？除了通过一些数据和图表，也可以通过对数据进行文字描述来引起高层对数据的兴趣。最理想的就是以实时、动态的方式反映企业的运行状态，并将采集的数据形象化、直观化、具体化，如图 1-35 所示。

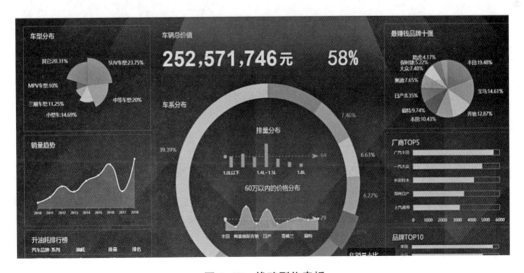

图 1-35　战略型仪表板

2. 分析型仪表板

分析型仪表板的作用主要是让使用者可以获取到各个前端业务信息系统的数据，它最好的实现方式便是在一个已整合、已汇总、有维度、有事实的企业数据仓库之上，实现数据清洗、转换、标准化等操作。它能够让使用者从现象出发，沿着数据的脉络去发现问题产生的真正原因，比如导致销售业绩下降的深层原因等。分析型仪表板更多地为中层管理人员服务，要求其更直接、显性地体现出问题，具有优先级排序，能够直接关联采取行动的方式。

分析型仪表板可以是战略型或操作型仪表板的同类产物，区别在于其更加偏向策略型，体现了更多基于时间变化所导致的细节变化之间的对比，如图 1-36 所示。

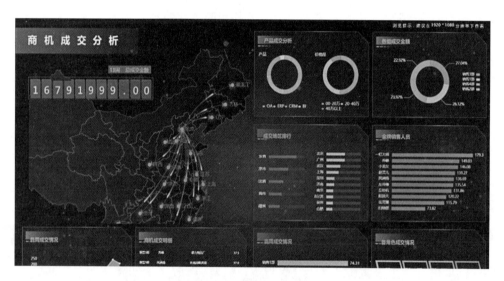

图 1-36　分析型仪表板

3. 操作型仪表板

相对于战略型仪表板和分析型仪表板，操作型仪表板更强调持续性、实时性，因此对数据的时效性要求比较高。它从业务需求出发，目的是实现业务操作的提醒、监控和预警功能，通常直接对接各个业务系统。

操作型仪表板的界面设计也需要简洁直观，其面向人群通常是各个部门的操作员而非管理层，如图 1-37 所示。

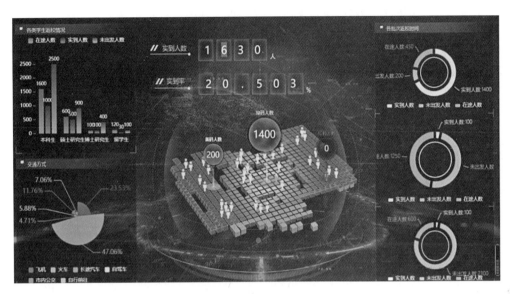

图 1-37 操作型仪表板

(二)仪表板的一般布局

仪表板的设计与开发过程并不像其最终呈现效果那样清晰、简单,它必须给用户提供丰富信息,又不能充斥着过量信息使得用户分心。好的仪表板设计能够支持用户快速浏览信息,同时帮助其找到恰当的信息并进行深入了解。

可根据之前定好的业务指标进行排版,共分为主、次、辅三个版块:

· 主版块:核心业务指标安排在中间位置、占较大面积,多为具有动态效果的地图。

· 次版块:次要指标位于屏幕两侧,多为各类图表。

· 辅版块:辅助分析的内容,可以通过钻取联动、轮播显示。

一般会将有关联的指标放得靠近一些,把图表类型相近的指标放一起,这样能减少读者认知上的困惑,并提高信息传递的效率。图 1-38 为常见的仪表板排版图的原型。

最后,总结创建数据仪表板的 3 个要点:

· 数据仪表板并不是报告,也不是数据的堆砌,数据仪表板包含了设计者的见解、建议、预期的业务影响力。

- 数据仪表板的目的不是通知消息，而是驱动行动。
- 好的数据仪表板都有精确的文字说明。

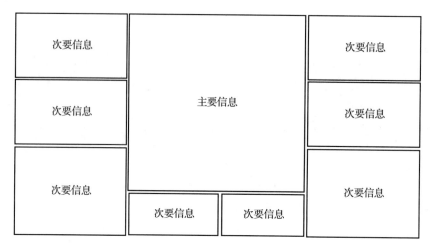

图 1-38　仪表板的常见布局

四、使用 Tableau 构建客户流失率仪表板

在上述流失率分析项目中，可以将各类变量生成的流失率分析图做成仪表板，用以分析易流失客户的全貌特征，以及不同维度客户变量在流失率方面的特点。

（一）仪表板构建

新建仪表板，在仪表板页面最左侧可以设置仪表板的大小、拖拽已经创建好的工作簿，页面下方创建仪表板对象。

点击左侧最下方的显示仪表板标题，在画布的最上方会显示仪表板的标题信息，通过双击对标题进行编辑操作。一般情况下，标题为当前仪表板所要展示的主题信息。比如，当前项目的主题信息为"不同变量下的流失率分析"，而提示参考信息可以设置为样本总人数和流失率情况：

不同变量下的流失率分析	样本人数10127人，流失率16%

创建好标题后，将工作表中的各个已创建的流失率分析表格拖拽至右侧的仪表板画布中，在左侧下方设置各个工作表的添加方式，大概包括浮动或平铺两种形式。浮

动形式的表格可以放置于任何位置，甚至可以使图层重叠。而平铺形式的表格会根据放置的位置自动调节大小。初步构建时，建议先选择平铺形式，以防止因图表重叠造成的图表忽略或者无法选中的情况，如图 1-39 所示。

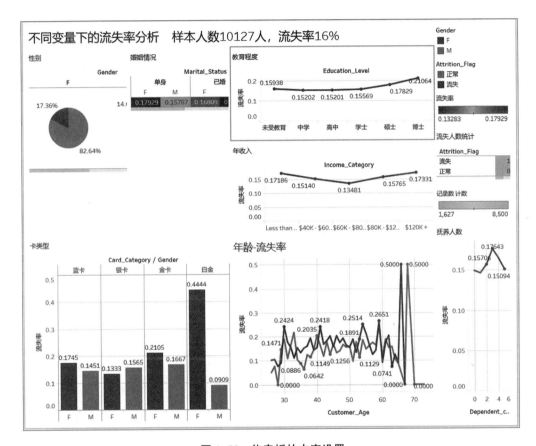

图 1-39　仪表板的内容设置

　　拖拽之后的仪表板内容较为散乱，根据布局技巧，可将维度最多且内容较为关键的工作表以最大模块展示。在这里需重新构建整个仪表板的页面，将类似图形的表放置在一起，将重点突出的表以较大的模块放置，同时删除掉不必要的图例，如图 1-40 所示。

　　当保留了右上方的"年龄-流失率"的图例后，可以通过点击图例的方式，突出相关的指标信息，如图 1-41 所示。高亮数据有利于更加直观地对客户性别等一系列因素进行判断，进而判断不同性别的用户是否为易流失客户；而对于易流失客户，即可对其增加优化策略，以提高客户的忠诚度。

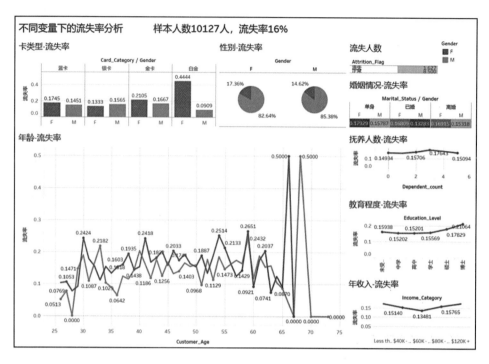

图 1-40　需要调整排版的仪表板

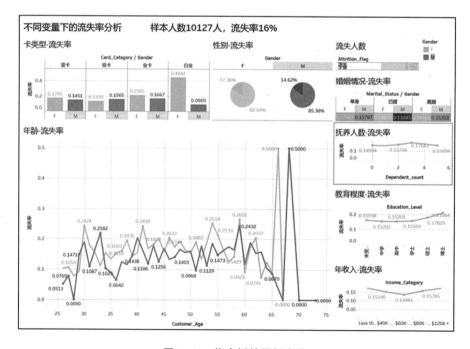

图 1-41　仪表板的图例查询

（二）仪表盘美化

在仪表板中，最简单的美化方式即通过调整标题中的字体样式来重点突出，如将标题居中、缩小描述性文字、高亮数字等。也可以在布局中设置标题的边界和背景，使之突出显示：

对于仪表板而言，可以通过设置背景颜色，将各个图表凸显出来，并调小各个图表的标题及内容，使之聚焦于数据或者图案上，以便在原本较为紧凑的空间展示出更大的图片，如图 1-42 所示。

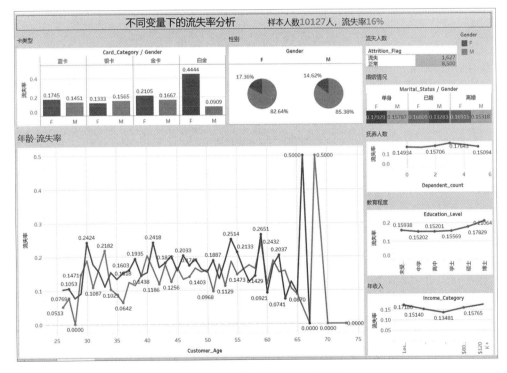

图 1-42　仪表板及图表标题美化

当然，还可以通过调整各个图表本身的色系、在仪表板下方的"对象"中插入图片或者网页连接、增加辅助性文字等方法进行美化，有兴趣的读者可以自行尝试。

思考题

1. 度量和维度的区别是什么？度量如何转化为维度？

2. 表计算中"计算依据"各选项的区别是什么？

3. 连续和离散的数据呈现的数据结果有什么差异？

4. 双轴图表一般用于什么场景？

5. 不同类型仪表板的差异是什么？

第二章
数据统计分析

如果说大数据时代，数据是生产资料，处理计算能力是生产力，互联网模式是生产关系，那么大数据分析就是串联各个要素的最重要的生产方式。

本章以实际工作中使用 R 语言进行数据分析的项目内容为研究对象，在大数据环境下使用 SparkR 依赖包，将 R 语言的数据分析方法运行在 Spark 集群上，实现对数据的一系列分析，最终完成数据分析项目。

- **职业功能：** R 语言编程与数据统计分析。
- **工作内容：** 使用 SparkR 依赖包，将 R 语言的数据分析方法运行在 Spark 集群上，实现对数据的一系列分析，输出分析报告。
- **专业能力要求：** 能根据数据应用需求，从不同类型数据系统获取目标数据；能根据应用需求，对数据进行采样及划分样本；能根据分析工具格式要求，调整数据格式；能去除原始数据测量误差和数据收集误差；能结合业务场景使用工具对数据集进行概要、描述性统计分析；能在描述结果基础上，对数据进行特征和规律的分析与推测；能结合业务场景编辑数据统计报告。
- **相关知识要求：** R 语言基础知识；构建 SparkDataFrame 及与 data. frame 转化的方法；线性回归模型构造方法；逻辑回归分析与数据预测；数据分析报告的要点与编写等。

第一节　数据分析概述

一、大数据、数据分析以及统计分析

大数据是当下火热的技术话题，而大数据分析与传统的数据分析之间存在哪些不同？大数据是使用新的技术实现传统的做法，还是面对新场景下的新问题而使用了创新的方法？接下来将对数据分析的一系列概念进行深入认识。

（一）数据分析及其相关概念

广义的数据分析包括了狭义的数据分析和数据挖掘两个领域。狭义的数据分析是指用适当的统计分析方法对收集来的大量数据进行分析，提取有用信息并形成结论，并对数据加以详细研究和概括总结的过程。而数据挖掘一般是指从大量的数据中，通过算法搜索出隐藏于其中的信息的过程。两者的目的、方法和最终结果均不相同，在本章中所指数据分析皆为狭义的数据分析，数据挖掘的内容将在第三章中会讲到。

数据分析是数学与计算机科学相结合的产物，其目的是从大量杂乱无章的数据中获取到有用的信息。在当今大数据时代背景下，海量的信息提供了无数可被存储和数字化的数据资源，而如何将这些数据转化为有价值的、可被非技术人员理解的知识，就需要用到数据分析了。

人们常将数据分析与统计分析两个名词进行比对，在不同的语境下，两者有着不同的定义。一般而言，统计分析是使用统计数据揭示数据模式和趋势的科学。其所关注的重点在于统计，也就是从所统计收集的信息中，以假设检验、概率分析等经典的数学分析方法进行分析。由于技术限制，统计分析中含有大量的采样分析内容，其只能估算一个事物大致的趋势及发展过程。统计分析的发展历史很长，而数据分析的概念则在计算机技术产生并发展后才开始兴盛，因为数据分析往往更多借助计算机来进行。正如维克托·迈尔-舍恩伯格所著的《大数据时代》一书中，将当前的数据分析称为全量数据分析，即以全部数据而非样本数据进行分析，以寻求数据的真实面目。然而，这两个概念之间的界限在不断缩小，因为两者虽然目的不同，分析的手段以及所使用的方法却大同小异，而且随着计算机技术的发展，统计分析也不断地借助计算机来解决问题。因此，若是从技术角度上来说，两者之间的概念区别度不大。在本书中，"分析"与"统计"都为同一意思，不做区分。

在分析领域中，往往将数据分析分为三种类型，即描述性分析、探索性分析和验证性分析。描述性分析属于初级数据分析，常见的分析方法有对比分析法、平均分析法、交叉分析法等。正如第一章中的 BI 数据分析，便是一种对数据的描述性分析。而探索性分析是指为了形成值得假设的检验而对数据进行分析的一种方法，是对传统统计学假设验证手段的补充。探索性分析往往并不清楚数据中隐藏着什么规律，因此会尝试使用各种手段来分析数据中可能存在的关系，常见的分析方法有相关分析、因子分析、回归分析等。验证性分析则是在假定数据已存在某种关系模型的情况下，通过分析手段对已假定的模型进行验证，常见的方法有卡方检验、T 检验、验证性因子分析等。

数据分析中，探索性分析侧重于在数据之中发现新的特征，而验证性分析则侧重于对已有假设的证实或证伪。探索性分析和验证性分析属于高级数据分析，也是分析领域中的重难点所在。

数据分析的对象被视为数据集合，俗称数据集，在分析领域也有专有名称与其对应。通常认为数据集是由变量及多个变量值所组成的集合。变量在不同语境中有时也被称为指标、特征、维度或字段，通常用于描述研究对象的某种属性，变量的值则为某种属性的具体取值。

现实场景中，分析结果受多种指标共同作用和影响的现象大量存在。当变量较多时，变量之间便不可避免地存在着相关性，分开处理数据不仅会造成大量信息丢失，而且也不容易取得好的研究结论。有两种方法可同时处理多个随机变量：一种是分别分析多个随机变量，每次处理一个随机变量，并逐个进行分析研究；另一种方法是对多个随机变量同时进行分析研究，以此来研究变量之间的相互关系，并揭示变量的内在规律。因此，为了研究变量两两之间的相互依赖关系的场景，被称为一元统计分析或单因素分析；而研究多个随机变量之间相互依赖关系及其内在统计规律，则被称为多元统计分析。

多元统计分析与传统的一元统计分析的区别在于，一元统计分析只考虑一个或几个因素对一个观测指标（变量）的影响，如身高对于篮球运动员得分的影响；而多元统计分析则是考虑一个或几个因素对于两个或两个以上观测指标（变量）的影响大小，如身高、体重以及臂长等对于篮球运动员的三分球、篮板以及罚球等情况的影响。

（二）大数据分析

大数据分析是利用大数据技术，从海量的数据中提取有用信息，并最终形成知识的技术手段，在大数据技术体系中处于核心地位。大数据分析与传统数据分析的区别在于，尽管两者都依赖于计算机技术进行数据分析，然而传统技术受限于计算机本身的硬件性能，有限的磁盘空间以及内存资源会导致计算海量数据的时间过长，甚至会出现内存溢出、磁盘空间爆满等问题。而大数据分析技术则是对传统分析技术的升级，其通过分布式计算框架，将原有的分析模型改造为分布式的分析模型，将计算资源分布到不同的计算节点中，使海量数据分析变得可行，并能够缩短分析模型的计算时间。

在传统分析领域，往往通过样本数据或者"较为科学"的抽样方式获取小样本数据并进行分析。然而不少的传统分析算法中的"最优模型"在大数据场景下却失去了优势。因为样本总有疏漏，当获取到越多的数据信息时，数据模型便越能够描述全貌数据的特征。因此，在大数据分析领域存在着这样一句广为人知的话："更多的数据胜过更好的算法。"

大数据分析能够结合算法和人的直观认识，对多维度、多时空、多形式的海量数据进行定量分析，并对非线性的、隐藏在数据中的知识进行识别、总结。

尽管如此，并不是所有的新的场景及模式都需要构建新的一套理论及方法，长期的理论和实践都验证了经典统计分析基本框架的完备性和通用性。对于大数据分析而言，沿用经典统计分析的基本框架仍不失为一种稳健而有效的方法，如图 2-1 所示。

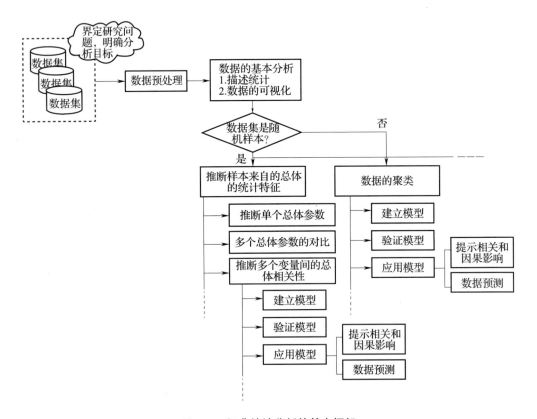

图 2-1　经典统计分析的基本框架

（三）数据分析过程

大数据分析过程主要由目标识别、数据准备、数据分析及检验、过程改进、总结等组成。

1. 目标识别

目标识别是为了确保分析过程及结果的有效性而采取的步骤。目标识别主要在于明确分析行为目的，确定分析行为的目标，以及辨认分析过程中所需要的各类资源。明确了要分析的内容及方向后，才能防止分析过程漫无目的，避免分析结果没有实际意义。

2. 数据准备

有目的地收集数据是确保数据分析过程有效的基础，而数据也需要根据分析的方法及手段进行必要的预处理。在企业中，数据的获取往往不是拿来即用，而是需要与数据管理人员沟通，并明确数据所在位置、数据的使用权限、数据中所涉及的一系列元数据内容（指标含义、隐私规则等），才能够为整个数据分析环节提供原材料。

数据抽取是利用特定模型，在海量数据中抽取可用数据的过程。该技术旨在解决人工方式预处理海量数据效率低下、不能满足实际应用要求等问题。其主要技术包括设计抽取模型和抽取方法。其具备处理分布式结果集、进行并发性数据操作、进行数据集之间高效转换等特征。

数据准备的过程中，也需要对数据进行一系列的预处理，包括格式的调整以及数据集的创建、清洗降噪、缓存切分等过程。尽管所获取的数据经过了一定的预处理，但是对于分析目标而言，往往还需要根据特定的分析需求再进行一轮预处理。

3. 数据分析及检验

数据分析是通过统计算法，从大数据中提炼出定量信息与知识的步骤。在数据分析的前期，分析人员可以通过探索性分析，明确数据集的特点和大致关系，以获得数据集的感性认知。探索性分析是通过数据的特点以及分析的目的，采用适合的分析模型及算法，对数据进行探索及验证的过程，最终将分析结果以数据或者可视化的形式展示。数据可视化展示用到了可视化分析技术，可视化分析技术是通过表达、建模的方法从数据中抽取出概要信息，并以图形化的方式展现出来的技术。其依靠人对结果进行解释和分析，充分发挥人的感性认知和非线性理解能力，通过可视化交互的手段直接发现大数据中隐藏的规律和信息，并弥补分析过程中产生的各种困扰。

4. 过程改进及总结

分析不仅仅是输出数据，更需要对分析的结果进行解释，评估分析的过程中是否存在因为信息不足或者是数据失准、滞后而导致的问题。同时，操作人员需要输出分析报告以进行总结，并对所分析出的图表或者数据提出相关的业务建议。

二、分析工具简介

在介绍了什么是大数据场景下的数据分析后，接下来将介绍数据分析所使用的工具。

（一）分析应用工具

R 语言是用于统计分析、绘图的语言和操作环境。R 语言是 GNU（General Public Licence）系统的一个自由、免费、源代码开放的软件，它是用于统计计算和统计制图的工具。

近几年来，无论是在哪一种公认的编程语言排行榜上，都不难找到 R 语言。和其他流行的编程语言相比，不少初学者可能对 R 语言比较陌生，把它当作小众的编程语言。具有统计分析与数据挖掘经验的人都知道，R 语言除了拥有其他编程语言不具备的统计与绘图功能之外，还能提供友好的用户交互方式。它已经被大量的统计学家、数据分析师、市场营销人员和科研工作者用于数据的检索、清洗、分析、可视化和呈现。

在统计分析与计算领域存在着三大主流软件：SAS、SPSS 和 S 语言。SAS（Statistical Analysis System，统计分析系统）最早由北卡罗来纳州立大学开发，现在由 SAS 研究所维护与销售；SPSS（Statistical Product and Service Solutions，统计产品与服务解决方案软件）起初是由斯坦福大学的几名学生开发，现在由 SPSS 公司经营；S 语言是约翰·钱伯斯和他的同事们于 1976 年在 AT&T 贝尔实验室开发的一种专用于统计分析的解释型语言。

R 语言可以看作是对 S 语言的继承与发展。尽管 S 语言和 R 语言有一些显著的区别，但用 S 语言编写的大部分代码在 R 语言环境上依然可以运行。简单地说，R 语言是一个有着强大统计分析及绘图功能的语言和操作环境，也是由 S 语言发展而来的编程语言。现在，S 语言的商业版就是由 TIBCO 软件公司运营的 S-PLUS 软件。而 R 语言软件则是开源、免费的。在 GNU 协议中规定，R 语言可以开源并免费发行，目前 R 语言的开发及维护由 R 语言开发核心小组（R Development Core Team）具体负责。

R 语言也是一种支持复杂的数据处理、数据可视化及机器学习的编程语言。总而言之，R 语言是数据科学家的得力助手。

从数据分析软件的角度来看，作为一门计算机编程语言，R 语言提供了可以支持数据分析中主要任务的基本数据类型、运算，并在此基础上派生了更复杂的数据结构。数据科学家、统计学家、分析师、金融工程师可以使用 R 语言作为一种数据处理工具，对采集到的数据进行统计分析，完成可视化、建模和预测等任务。从程序设计语言的角度来看，人们可以使用 R 语言编写函数和脚本，来完成所需的数据分析工作。R 语言环境提供了完整的交互式开发方法。在早期，R 语言只是一种为统计学家专门设计的程序语言，而现在的 R 语言支持运算符和函数，并将数据的探索、建模与可视化等工作有机地融为一体。

正是由于 R 语言本身兼顾了软件环境与程序设计语言的特性，其使用者往往只要输入几行代码，就可以实现复杂的数据分析目标。在数据分析中经常会遇到的线性回归、非线性回归、聚类、分类等工作，以及画出相应结果的图形，这些工作只需要简单的数据预处理和参数设置，就可以直接调用 R 语言自带的函数或是 R 语言包中的函数，并以十分简洁的方式呈现。

由于其自身具有的吸引力，R 语言逐渐超越了学术界的小圈子，进入大众的视野，开始被一些企业选用来完成各自的商业目标。越来越多的数据分析师开始接触 R 语言并且推荐给同行，很多数据科学领域最新的成果也被率先转化为 R 语言中的工具。伴随着学术界与相关产业对数据科学重视程度的增加，R 语言正在不断拓展自己的应用边界。

正是因为 R 语言具有开源、免费（SPSS 和 SAS 都是商业运行的软件）、支持所有的主流操作系统平台、拥有活跃而数量庞大的用户社区等特点（他们贡献的程序包是 R 语言非常重要的组成部分），才能使其成为适用于数据科学领域集统计、数据分析、可视化和机器学习等功能于一身的一种强有力的工具。

（二）分布式计算框架

Apache Spark 是专为大规模数据处理而设计的快速通用的计算引擎。Spark 是加州大学伯克利分校的 AMP 实验室所开源的通用并行计算框架。Spark 拥有 Hadoop MapReduce 所具有的优点，但不同于 Hadoop MapReduce 的是，Spark 的作业输出的结果可以保存在内存中，从而不再需要读写 HDFS，因此 Spark 能更好地适用于数据分析与数据挖掘等需要迭代的算法。

Spark MLlib 是 Spark 的可扩展机器学习库，它可以在 Java，Scala，Python 和 R 语言中使用，通过 Spark 的 API，可以在不同的编程语言中与不同的数据分析方法结合使用，从而充分利用不同语言或工具的特点，将原本在小型系统中运行的算法扩展到大数据场景中。

Spark MLlib 中包含了一些通用的学习算法和工具，如分类、回归、聚类、协同过滤、降维以及底层的优化原语等，其支持存储在一台机器上的局部向量和矩阵，以及由一个或多个 RDD（弹性分布式数据集）支持的分布式矩阵。

SparkR 是 Spark 发布的一个 R 语言开发包，为 Spark 提供了轻量的前端（light-weight client）如图 2-2 所示。SparkR 提供了 Spark 中 RDD 的 API，用户可以在集群上通过 R Shell 使用这些 API 执行作业。Spark 提供了一个分布式的 SparkDataFrame 数据结构，解决了 R 语言环境中 data. frame 只能在单机中使用的瓶颈，它和 R 语言环境中的 data. frame 一样支持许多操作，比如 select、filter、aggregate 等（类似 dplyr 包中的功能），这解决了 R 语言在大数据环境下有关性能的问题。SparkR 也支持分布式的机器学习算法。SparkR 为 Spark 引入了 R 语言社区的活力，吸引了大量的数据科学家在 Spark 平台上开启数据分析之旅。

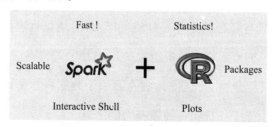

图 2-2　Spark 框架与 R 语言

第二节　统计分析的数据准备

一、项目介绍及工程创建

（一）项目介绍

本项目中所使用的数据集为存放于大数据集群环境 analysis 数据库下的 Framingham 数据集，该数据集来自目前正在进行的对美国马萨诸塞州弗雷明翰镇居民的心血管研究项目，其目的是分析和预测患者是否在未来的 10 年里有患冠心病的风险。

使用 SparkR 进行数据分析有 2 种常用的方法：一种是使用 Spark 自带的 R 语言客户端进行编码；另一种则是使用 R 语言常用的开发平台 RStudio 访问 Spark 集群，再编写 R 语言脚本进行相关的数据操作。

（二）Spark 自带的 R 语言客户端

Spark 自带的终端常用于快速测试集群功能，或者用于进行简单、快速的数据分析，以在短时间内获取结果信息。

进入到开启的 Spark 集群后，在 Spark 的安装目录 "~/soft/spark-2.4.3-bin-ha-doop2.7" 中，输入 bin/sparkR 即可打开客户端：

```
[newland@ newland spark-2.4.3-bin-hadoop2.7]$bin/sparkR

R version 3.6.0 (2019-04-26) --"Planting of a Tree"

Copyright (C) 2019 The R Foundation for Statistical Computing

Platform: x86_64-redhat-linux-gnu (64-bit)

R is free software and comes with ABSOLUTELY NO WARRANTY.

You are welcome to redistribute it under certain conditions.

Type' license()' or ' licence()' for distribution details.

    Natural language support but running in an English locale

R is a collaborative project with many contributors.

Type ' contributors()' for more information and

' citation()' on how to cite R or R packages in publications.

Type ' demo()' for some demos, ' help()' for on-line help, or

' help.start()' for an HTML browser interface to help.

Type ' q()' to quit R.

Launching java with spark-submit command /home/newland/soft/spark-2.4.3-bin-ha-

doop2.7/bin/spark-submit   "sparkr-shell"/tmp/Rtmpx9cnTp/backend_port7a033a0e3ed1

    Welcome to


      ____              __
     / __/__  ___ _____/ /__
    _\ \/ _ \/ _ `/ __/  '_/
   /___/ ._/\_,_/_/ /_/\_\   version   2.4.3
      /_/


SparkSession available as ' spark'.

>
```

以这种方式启动的客户端，会结合本机上的 R 语言版本，进入 Spark 的单机模式，并且会自动创建 Spark 的 sc 对象。因此可以直接使用 SQL 函数访问 Hive 中的数据。接下来通过一个简单的演示，可以对比出 SparkR 与传统 R 语言的使用区别：

```
> baselist<- sql("show databases")
> collect(baselist)
    databaseName
1      analysis
2      default
> baselist
SparkDataFrame[databaseName；string]
```

在客户端中，可以直接使用 SQL 函数输入 SQL 语句，并通过 Spark SQL 访问 Hive 返回数据。返回的数据不会直接显示，而是需要赋值变量。在 R 语言中，赋值变量有两种方式：一种是 R 语言传统的赋值方法，即使用 "<–" 符号进行复制，这种方法对于传统的数据统计人员较为常用；也可以使用 "=" 进行赋值，这种使用方式更加适用于原本并不以 R 语言作为主要技术的人员。两个符号没有使用上的区别，可以根据自身习惯使用。

在原生 R 语言中，如果要查看一个 data. frame 中的内容，只需要直接输入变量名即可。但是使用 SparkR 获得的 SparkDataFrame，则需要使用 Spark 中的查询数据集的函数，比如 collect( ) 或者 head( ) 等函数，才能将变量的内容显示到控制台上。若是直接输入变量名，则会返回该 SparkDataFrame 的简要数据格式。

使用 SparkR 的客户端，也可以通过指定集群或指定参数的方式进行编辑，如使用 [n] 的方式指定启动该客户端所分配的集群 CPU 核数：

```
bin/sparkR --master local[2]
```

也可以通过指定 Spark 集群的端口号指定使用集群资源：

```
bin/sparkR --master spark://master:7077
```

也可以通过 Yarn 作为资源管理器的方式，启动 Yarn：

```
bin/sparkR --master yarn-client
```

这种模式虽然方便使用，但是由于界面较为简陋，其脚本记录和运行日志难以保存和分享，难以适应工程化的作业要求，因此这种模式比较适合快速的功能测试和简单的数据分析，而不适合进行真正的生产操作。

退出该模式的方法是输入 quit( )，然后按 n，表示不保存 R 工作脚本。

（三）RStudio 访问 Spark

RStudio 是 R 语言编程常用的 IDE（integrated development environment，集成开发环境）工具，Windows 系统下安装的 R 语言自带了一个 R 语言编辑器，同时也可以使用 IDEA（IntelliJ IDEA，一款编程开发软件）装载的 R 语言插件进行开发。在本章节中选择的是主流的 R 语言编辑器 RStudio。

RStudio 是一款免费的 R 语言开发平台，其自身结合了 R 语言和 Python 的集成开发环境，能够以控制台和脚本的方式执行代码。其快速作图的能力，以及能够灵活地支持代码执行和调试等特点，极大地满足了数据分析师需要灵活调配作业的需求。

RStudio 分为桌面版本和服务器版本，本书使用到的软件为桌面版 RStudio，以便用户灵活操作并获得更好的使用体验。在 Linux 系统中，打开终端并输入 rstudio，便可以打开 RStudio 的应用界面，如图 2-3 所示。

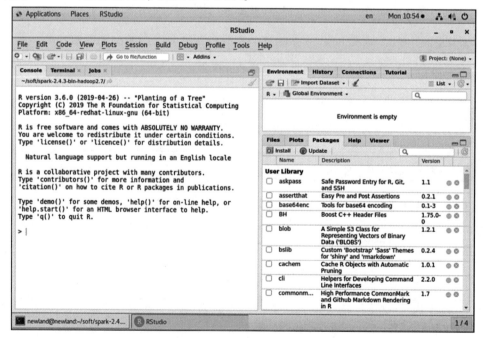

图 2-3　打开 RStudio 界面示例

在 RStudio 中，左边部分为控制台（Console）、命令终端（Terminal）和作业执行（Jobs）的区域，右上方则是变量（Environment）、历史代码（History）、连接（Connections）等配置区域，右下方为文件（Files）、绘图（Plots）、依赖包（Packages）等配置区域。

　　要使用 RStudio 访问 Spark，需要获取到 Spark 对应版本的 R 语言依赖包。一般情况下，Spark 的安装目录下会有一个"R/lib"目录，在其中放置着 SparkR 依赖包。将该依赖包复制至 R 语言的依赖环境下，即可使用其中的函数访问 Spark。

　　点击 RStudio 左侧的 Terminal，可以打开环境的终端编辑命令，查看 Spark 的安装位置：

```
[newland@ newland~]$echo $SPARK_HOME
/home/newland/soft/spark-2.4.3-bin-hadoop2.7
```

　　进入到 SparkR 依赖包所放置的位置：

```
[newland@ newland~]$cd $SPARK_HOME/R/lib
[newland@ newland~]$ls
SparkR    sparkr.zip
```

　　此时需要将 SparkR 这个文件拷贝到 R 语言的 lib 中，使其可以通过 RStudio 中的 Console 查看 R 语言的 lib 路径：

```
> .libPaths()
[1] "/home/newland/R/x86_64-redhat-linux-gnu-library/3.6"
[2] "/usr/lib64/R/library"
[3] "/usr/share/R/library"
```

　　第一个路径为 RStudio 创建的用户依赖文件夹（User Library），而后两个路径则为 R 语言的系统依赖文件夹。为了避免误操作导致环境中的 R 语言本身受到影响，需要使用 RStudio 提供的用户依赖文件夹。将 R 语言的依赖包拷贝到 RStudio 的依赖文件夹后，点击 RStudio 界面右下方的 Packages 刷新，便可在列表中找到 SparkR 依赖包。接着勾选依赖包，或者输入如下命令，便可使用 SparkR 的函数：

```
> library(SparkR)

Attaching package: 'SparkR'

The following objects are masked from 'package:stats':

    cov, filter, lag, na.omit, predict, sd, var, window

The following objects are masked from 'package:base':

    as.data.frame, colnames, colnames<-, drop, endsWith,

    intersect, rank, rbind, sample, startsWith, subset, summary,

    transform, union
```

导入 SparkR 包后，使用 SparkR 中的 session 函数，并配置 Spark 集群所在 master 的位置，即可访问 Spark 集群并获得 sc 对象。

```
> sc<-sparkR.session(master = "spark://master:7077")

Spark package found in SPARK_HOME: /home/newland/soft/spark-2.4.3-bin-hadoop2.7

Launching java with spark-submit command /home/newland/soft/spark-2.4.3-bin-hadoop2.7/bin/spark-submit   sparkr-shell /tmp/RtmpHaVtm2/backend_port1f68622dc2d0

21/02/01 16:25:36 WARN util.Utils: Your hostname, newland.novalocal resolves to a loopback address: 127.0.0.1; using 87.7.15.81 instead (on interface eth0)

21/02/01 16:25:36 WARN util.Utils: Set SPARK_LOCAL_IP if you need to bind to another address

21/02/01 16:25:37 WARN util.NativeCodeLoader: Unable to load native-hadoop library for your platform... using builtin-java classes where applicable

Setting default log level to "WARN".

To adjust logging level use sc.setLogLevel(newLevel). For SparkR, use setLogLevel(newLevel).
```

其后，便可像使用 Shell 一样在 RStudio 中使用 Spark。

二、数据准备操作

在进行分析的前期，需要明确分析目标，而不是漫无目的地进行分析。对于本项目而言，希望分析的目标是探究哪些变量因素会导致冠心病的发生，以及这些变量因素之间有何关联。因此，需要用户首先获取数据，并通过观察数据的一系列特征情况，来判断使用何种分析方法。

（一）数据获取与观察

原始数据存放于 Hive 中。这就需要先开启 Hive 中的 metastore 和 hiveserver2 两个进程以进行远程访问。在 RStudio 中，点击 Terminal，输入如下代码，即可开启进程服务。开启过程中会有一些日志报告弹出，点击回车即可跳过：

```
hive --service metastore &

hive --service hiveserver2 &
```

为了编写分析脚本更加方便地，可在 RStudio 中点击右上方的加号箭头，创建一个 R 语言脚本（R Script）来编写程序，如图 2-4 所示。

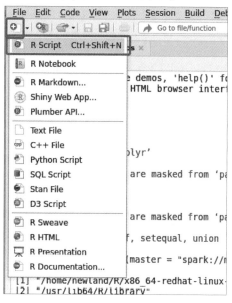

图 2-4　创建 R 语言脚本

创建好的脚本文档中编写的代码后，任务不会直接执行，此时可以通过点击右上方的 Run 或者快捷键"Ctrl+Enter"进行逐行的代码执行，也可以点击 Source 下拉菜单，在弹出菜单中选择"Source with Echo"以执行完整脚本，并输出到控制台终端。在 R 语言脚本中，可使用"#"的方式来编写注释，使代码易于理解。

脚本的开头部分，除了要添加之前获取的 sc 代码之外，还要编写进行分析及操作的代码。可以使用 SparkR 依赖包中的 sql( ) 函数获取到 Hive 中的数据，sql( ) 函数后面可以添加 SQL 代码：

```
#获取 hive 的数据库列表

dblist<-sql("show databases")
```

dblist 对象可用来接收 Hive 数据库列表的查询结果，在 RStudio 的右上方 Environment 中可看到刚才被创建出来的 dblist 对象，如图 2-5 所示。

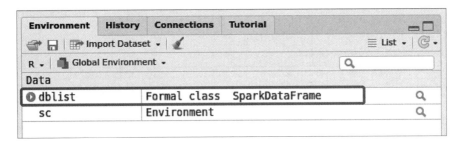

图 2-5　活动对象窗口

在该窗口中，可通过鼠标点击的方式，查看该对象的构成，也可以通过 View( ) 函数实现相同功能，窗口左侧界面中会弹出 dblist 对象的内容，如图 2-6 所示。

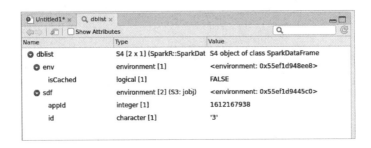

图 2-6　dblist 对象内容

但是，这种方法并不能够查看到 SparkDataFrame 中的数据集，该数据集还需要通过使用 Spark 的函数进行查看：

```
> #查看 SparkDataFrame 中的数据集
> collect(dblist)

    databaseName
1     analysis
2     default
```

本章节中的项目所分析的样本数据位于"analysis"数据库中的"Framingham"表，可通过 sql( ) 函数直接获取该表中的数据集：

```
> #获取 hive 中的数据集
> framingham<-sql("select* from analysis.framingham")
```

获取到的数据集为 SparkDataFrame 格式，若想快速观察其字段，可以使用 SparkR 依赖包中提供的 columns 函数：

```
> #查看数据格式
> columns(framingham)

[1]"male"            "age"            "education"     "currentsmoker"     "cigsPerDay"     "BPMeds"
[7]"prevalentstroke" "prevalentHyp"   "diabetes"      "totchol"           "sySBP"          "diaBP"        "diaBP"
[13]"BMI"            "heartRate"      "glucose"       "TenYearCHD"
```

若需要观察详细的数据字段及其格式，可以使用 printSchema( ) 函数，该函数会展示数据集中的各个字段的格式，以及是否允许数据为空值的信息：

```
> #查看详细数据格式
> printSchema(framingham)
```

```
root
 |-- male: integer (nullable = true)
 |-- age: integer (nullable = true)
 |-- education: integer (nullable = true)
 |-- currentSmoker: integer (nullable = true)
 |-- cigsPerDay: integer (nullable = true)
 |-- BPMeds: integer (nullable = true)
 |-- prevalentStroke: integer (nullable = true)
 |-- prevalentHyp: integer (nullable = true)
 |-- diabetes: integer (nullable = true)
 |-- totchol: integer (nullable = true)
 |-- sysBP: double (nullable = true)
 |-- diaBP: double (nullable = true)
 |-- BMI: double (nullable = true)
 |-- heartRate: integer (nullable = true)
 |-- glucose: integer (nullable = true)
 |-- TenYearCHD: integer (nullable = true)
```

允许数据为空值并不一定代表数据中存在空值，在 R 语言中，空值以 NA 的形式表示。这里可以使用 na. fail( ) 函数查看数据是否存在空值 NA，若是没有，则返回原本数据；若是有，则会返回错误信息。注意，na. fail( ) 函数并不能直接查看 SparkDataFrame，而需要将其转换为 R 语言的 data. frame，转换的方式会在后面详细介绍，这里只进行操作演示：

```
> #查看数据集中是否存在空值
> na.fail(as.data.frame(framingham))
Error in na.fail.default(as.data.frame(framingham)) :对象里有遗漏值
```

该数据集字段的类型分为人口统计、历史行为和疾病史等，详细说明如表 2-1 所示。

表 2-1   字段详细说明

类型	字段	说明
人口统计	male	性别，0=女性，1=男性
	age	患者的年龄
	education	学历，1=一些高中，2=高中或 GED，3=一些大学或职业学校，4=大学
历史行为	cigsPerDay	此人平均每天吸烟的香烟数量
	currentSmoker	当前是否是吸烟者，0=不吸烟者，1=吸烟者

续表

类型	字段	说明
疾病史	BPMeds	患者是否正接受降压药物治疗，0＝不使用降压药，1＝正服用降压药
	prevalentStroke	患者先去是否患过中风，0＝未患过，1＝患过
	prevalentHyp	患者是否患有高血压，0＝未患过，1＝患过
	diabetes	患者是否患有糖尿病，0＝未患过，1＝患过
身体情况	totChol	总胆固醇水平，毫克/分升
	sysBP	收缩压（系统血压），毫米
	diaBP	舒张压（血压），毫米
	BMI	体重指数，计算公式为：BMI＝体重÷身高^2（体重单位：千克；身高单位：米）
	heartRate	心率，节拍/分钟
	glucose	葡萄糖水平，毫克/分升
预测	TenYearCHD	冠心病 CHD 的十年风险，0＝无风险，1＝有风险

该项目中的数据涉及医学相关术语较多，但本项目并非以医学角度进行分析，因此本书对于一些医学相关专业方面知识不予深入说明。

（二）SparkDataFrame 的转换

当使用 sql( ) 函数查询所返回的数据集是否为 SparkDataFrame 数据集，原本的一些 R 语言没办法直接对其生效。然而在分析以及构建模型的过程中，需要反复尝试各种分析方法，如果直接使用大数据集群中的全部数据进行计算，不仅耗时较久，也会浪费公共计算资源。因此在模型构建的初期，会通过抽样函数获取一定量的样本数据，再将这些样本数据转化为使用本地资源计算的 R data. frame。

```
> # 抽样一半的样本数据
> sampledata<-sample(framingham,FALSE,0.5)
> # 转换为 R data.frame
> rdata<-as.data.frame(sampledata)
```

sample( )函数是 SparkR 依赖包中提供的数据抽样函数，传入的第一个变量表示数据集本身，第二个变量表示是否置换取样，第三个变量表示粗略的样本目标分数。这里采集原始数据集一半的数据进行分析。

as. data. frame( )函数是将 SparkDataFrame 中的数据下载到 R 语言环境的本地内存中，并放置到 R 语言的 data. frame。可以对转换后的使用 R 语言的函数进行操作和处理，也可以通过点击 Environment 中的 rdata，直接查看数据集，如图 2-7 所示。

	male	age	education	currentSmoker	cigsPerDay	BPMeds	prevalentStroke	prevalentHyp	diabetes	totChol	sysBP	diaBP	BMI
1	0	61	3	1	30	0	0	1	0	225	150.0	95.0	28
2	0	46	3	1	23	0	0	0	0	285	130.0	84.0	23
3	0	43	2	0	0	0	0	1	0	228	180.0	110.0	30
4	0	63	1	0	0	0	0	0	0	205	138.0	71.0	33
5	0	45	2	1	20	0	0	0	0	313	100.0	71.0	21
6	1	52	1	0	0	0	0	1	0	260	141.5	89.0	26
7	1	43	1	1	30	0	0	1	0	225	162.0	107.0	23
8	0	41	3	0	0	1	0	1	0	332	124.0	88.0	31
9	0	39	2	1	9	0	0	0	0	226	114.0	64.0	22
10	1	48	3	1	10	0	0	1	0	232	138.0	90.0	22
11	0	46	2	1	20	0	0	0	0	291	112.0	78.0	29
12	0	43	1	1	20	0	0	0	0	185	123.5	77.5	29
13	0	52	1	0	0	0	0	0	0	234	148.0	78.0	34
14	0	52	3	1	20	0	0	0	0	215	132.0	82.0	25
15	1	47	4	1	20	0	0	0	0	294	102.0	68.0	24
16	1	35	2	1	20	0	0	1	0	225	132.0	91.0	26
17	0	60	1	0	0	0	0	0	0	247	130.0	88.0	30

图 2-7　查看数据集

同时，也有一些 Spark 本身的函数会将 SparkDataFrame 转换为 R 语言 data. frame，可以通过点击 RStudio 中的右下方界面的 Packages 栏，点击 SparkR 依赖包，将看到 SparkR 依赖包中的所有方法及简介，如图 2-8 所示。

在右上方的搜索框中，搜索"R data. frame"，便能够搜索出与 R 语言的 data. frame 相关的函数，从而观察到哪些函数能够将数据集或者运算结果输出为 data. frame，如图 2-9 所示。

但是需要注意的是，R 语言本身计算所使用的资源是本地资源，如果原始数据集太过庞大，则容易造成本地资源不足的情况。因此在转换为 data. frame 之前，需要先评估数据的大小。

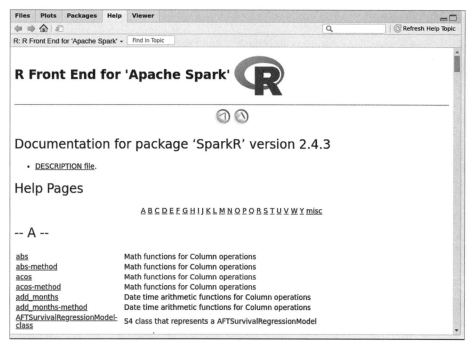

图 2-8　SparkR 依赖包的函数说明文档

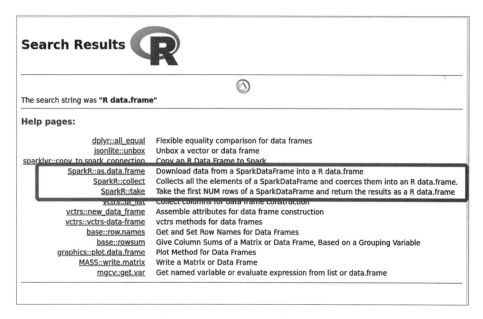

图 2-9　R data. frame 搜索结果

(三) SparkDataFrame 的查询操作

当直接操作 SparkR 时, 可以通过 Spark 本身的一些函数, 对数据进行观察及预处理操作。如使用 head( ) 函数，返回数据集的前 6 行数据，快捷观察数据的样貌。同时使用 head( ) 函数和 select( ) 函数，便可输出一些简单的数据查询结果。select( ) 函数可以查询某个具体字段，或是多个字段的内容：

```
> # 选取 age 字段的前 6 行
> head(select(sampledata,heart $age))
> # 选取 age 字段的另一种写法
> # head(select(sampledata,"age"))
```

	age
1	61
2	46
3	43
4	63
5	45
6	52

```
> # 选取多个字段
> head(select(sampledata, sampledata $age, sampledata $education))
> # 选取多个字段的另一种写法
> # head(select(sampledata,"age","education"))
```

	age	education
1	61	3
2	46	3
3	43	2
4	63	1
5	45	2
6	52	1

此处也可以使用 where( ) 函数或者时 filter( ) 函数进行条件判断或过滤处理，两个函数的用法是一样的。借此可以获取有患病风险的数据，并为后续进行进一步的分析作准备：

```
> # 过滤没有患病风险的数据

> CHDdata = filter(sampledata, sampledata $TenYearCHD = = 1)

> head(CHDdata)

  male age education currentSmoker cigsPerDay BPMeds prevalentStroke prevalentHyp diabetes totChol  sysBP  diaBP   BMI
1    0  61         3             1         30      0               0            1        0     225  150.0   95.0 28.58
2    0  63         1             0          0      0               0            0        0     205  138.0   71.0 33.11
3    0  46         2             1         20      0               0            0        0     291  112.0   78.0 23.38
4    1  47         4             1         20      0               0            0        0     294  102.0   68.0 24.18
5    0  59         1             0          0      0               0            1        0     209  150.0   85.0 20.77
6    0  63         1             1          3      0               0            1        0     267  156.5   92.5 27.10
  heartRate glucose TenYearCHD
1        65     103          1
2        60      85          1
3        80      89          1
4        62      66          1
5        90      88          1
6        60      79          1
```

如果需要将数据结果以表格的形式呈现，或者以较为明显的字段显示字段头几行数据时，可使用 showDF( ) 函数来替代 head( ) 函数：

```
> # 查看前几行数据

> showDF(sampledata)

+----+---+---------+-------------+----------+------+---------------+------------+--------+-------+-----+-----+-----
---+---------+----------+
|male|age|education|currentSmoker|cigsPerDay|BPMeds|prevalentStroke|prevalentHyp|diabetes|totChol|sysBP|diaBP|  BMI|heartR
ate|glucose|TenYearCHD|
+----+---+---------+-------------+----------+------+---------------+------------+--------+-------+-----+-----+-----
---+---------+----------+
|   0| 61|        3|            1|        30|     0|              0|           1|       0|    225|150.0| 95.0|28.58|
 65|    103|         1|
|   0| 46|        3|            1|        23|     0|              0|           0|       0|    285|130.0| 84.0| 23.1|
 85|     85|         0|
|   0| 43|        2|            0|         0|     0|              0|           1|       0|    228|180.0|110.0| 30.3|
 77|     99|         0|
|   0| 63|        1|            0|         0|     0|              0|           0|       0|    205|138.0| 71.0|33.11|
 60|     85|         1|
|   0| 45|        2|            1|        20|     0|              0|           0|       0|    313|100.0| 71.0|21.68|
 79|     78|         0|
|   1| 52|        1|            0|         0|     0|              0|           1|       0|    260|141.5| 89.0|26.36|
 76|     79|         0|
|   1| 43|        1|            1|        30|     0|              0|           1|       0|    225|162.0|107.0|23.61|
 93|     88|         0|
|   0| 41|        3|            0|         0|     1|              0|           1|       0|    332|124.0| 88.0|31.31|
 65|     84|         0|
|   0| 39|        2|            1|         9|     0|              0|           0|       0|    226|114.0| 64.0|22.35|
 85|   null|         0|
|   1| 48|        3|            1|        10|     0|              0|           1|       0|    232|138.0| 90.0|22.37|
 64|     72|         0|
|   0| 46|        2|            1|        20|     0|              0|           0|       0|    291|112.0| 78.0|23.38|
 80|     89|         1|
|   0| 43|        1|            0|         0|     0|              0|           0|       0|    185|123.5| 77.5|29.89|
 70|   null|         0|
|   0| 52|        1|            0|         0|     0|              0|           0|       0|    234|148.0| 78.0|34.17|
 70|    113|         0|
|   0| 52|        3|            1|        20|     0|              0|           0|       0|    215|132.0| 82.0|25.11|
 71|     75|         0|
|   1| 47|        4|            1|        20|     0|              0|           0|       0|    294|102.0| 68.0|24.18|
 62|     66|         1|
|   1| 35|        2|            1|        20|     0|              0|           1|       0|    225|132.0| 91.0|26.09|
 73|     83|         0|
|   0| 60|        1|            0|         0|     0|              0|           0|       0|    247|130.0| 88.0|30.36|
 72|     74|         0|
|   1| 36|        4|            1|        35|     0|              0|           0|       0|    295|102.0| 68.0|28.15|
 60|     63|         0|
|   0| 59|        1|            0|         0|     0|              0|           1|       0|    209|150.0| 85.0|20.77|
 90|     88|         1|
|   1| 52|        1|            0|         0|     0|              0|           1|       1|    178|160.0| 98.0|40.11|
 75|    225|         0|
+----+---+---------+-------------+----------+------+---------------+------------+--------+-------+-----+-----+-----
---+------+----------+
only showing top 20 rows
```

该函数将前 20 行数据以表格的方式进行显示，便于用户对照各个行列的数据格式，并观察数据是否有前后缀等信息。

同样输出特定行数的还有 take( ) 函数，这三个函数通过设置参数的方式都可以输出特定的行数，在选择上没有太大差异：

```
> #获取前 10 行数据

> take(sampledata,10)
   male age education currentSmoker cigsPerDay BPMeds prevalentStroke prevalentHyp diabetes totChol sysBP diaBP   BMI
1     0  61         3             1         30      0               0            0        0     225 150.0    95 28.58
2     0  46         3             1         23      0               0            0        0     285 130.0    84 23.10
3     0  43         2             0          0      0               0            0        0     228 180.0   110 30.30
4     0  63         1             0          0      0               0            1        0     205 138.0    71 33.11
5     0  45         2             1         20      0               0            0        0     313 100.0    71 21.68
6     1  52         1             0          0      0               0            1        0     260 141.5    89 26.36
7     1  43         1             1         30      0               0            1        0     225 162.0   107 23.61
8     0  41         3             0          0      1               0            1        0     332 124.0    88 31.31
9     0  39         2             1          9      0               0            0        0     226 114.0    64 22.35
10    1  48         3             1         10      0               0            0        1     232 138.0    90 22.37
   heartRate glucose TenYearCHD
1         65     103          1
2         85      85          0
3         77      99          0
4         60      85          1
5         79      78          0
6         76      79          0
7         93      88          0
8         65      84          0
9         85      NA          0
10        64      72          0
```

当需要观察全部数据时，可使用 collect( ) 函数，获取全部数据结果：

```
> #获取全部数据结果

> collect(sampledata)
```

42	65	103	1
43	83	68	0
44	85	65	0
45	90	83	0
46	88	87	0
47	70	83	0
48	70	65	0
49	57	78	0
50	80	65	1
51	60	96	0
52	88	126	0
53	60	72	1

54	50	66	0
55	65	75	0
56	74	64	0
57	65	99	0
58	85	56	0
59	65	79	0
60	90	84	1
61	76	60	0
62	75	87	0

[reacHed ' max' / getoption （" max. pr int"） -- omitted 2101 rows]

不建议直接输出全数据，因为展示全部数据的篇幅过长，且这种方式并不能比 head( ) 函数结果呈现出更多有效的信息。因此，在直接观察数据的同时，就需要理解数据。

SparkR 中的 SparkDataFrame 可以像 Spark SQL 一样，注册为一个临时表。将 Spark-DataFrame 作为表之后，可以对它进行 SQL 查询。这种特性将帮助我们以固定的方式对 SparkDataFrame 进行查询，且返回查询的结果也是 SparkDataFrame：

```
> # 将 heart 注册为临时表 heart

> createOrReplaceTempView(sampledata,"data")

> # 使用 sql 函数进行查询

> collect(sql("select * fromdata limit 10"))

   male age education currentSmoker cigsPerDay BPMeds prevalentStroke prevalentHyp diabetes totChol sysBP diaBP   BMI
1     0  61         3             1         30      0               0            1        0     225 150.0    95 28.58
2     0  46         3             1         23      0               0            0        0     285 130.0    84 23.10
3     0  43         2             0          0      0               0            1        0     228 180.0   110 30.30
4     0  63         1             0          0      0               0            0        0     205 138.0    71 33.11
5     0  45         2             1         20      0               0            0        0     313 100.0    71 21.68
6     1  52         1             0          0      0               0            1        0     260 141.5    89 26.36
7     1  43         1             1         30      0               0            1        0     225 162.0   107 23.61
8     0  41         3             0          0      1               0            1        0     332 124.0    88 31.31
9     0  39         2             1          9      0               0            0        0     226 114.0    64 22.35
10    1  48         3             1         10      0               0            1        0     232 138.0    90 22.37
   heartRate glucose TenYearCHD
1         65     103          1
2         85      85          0
3         77      99          0
4         60      85          1
5         79      78          0
6         76      79          0
7         93      88          0
8         65      84          0
9         85      NA          0
10        64      72          0
```

三、变量及模型概念

观察并了解数据集和字段信息，不仅需要理解各个字段所代表的意思，还需要深入地理解字段与字段之间存在什么样的关系，这将决定之后以什么方式去分析数据，以及如何选择模型。

（一）变量的关系分析

存储领域会将数据表的每一个列称为字段，而在分析领域则将字段看作是用以分析事物的变量。变量之间的关系有两类。一类是变量间存在着完全确定的关系，有着精确的数学模型能够进行解释，称之为函数关系。想要探究有函数关系变量的数据时，便可根据公式对其进行简单的推导。例如，知道了圆形的半径之后，便可以根据简单的公式推导出圆的周长和面积。而另一类变量间的关系不存在完全的确定性，没办法用精确的数学模型表示。这些变量间存在着一定的关系，但又不能直接由一个或几个变量的值精确的求出另一个变量的值，如身高与体重、年龄的关系。这些变量间的关系称为相关关系，存在相关关系的变量称为相关变量。

相关变量间的关系也有两种：一种是平行关系，即两个或者两个以上的变量之间相互影响；另一种是依存关系，即一个变量的变化受另一个或几个变量的影响。在研究呈平行关系的相关变量之间关系时，使用的是相关分析法，而研究有依存关系的相关变量间的关系时，使用的是回归分析法。在进行分析研究时，表示原因的变量称为自变量（independent variable）或者解释变量，而表示结果的变量称为因变量（dependent variable）或者被解释变量。

变量间的关系及分析方法如表 2-2 所示。

表 2-2 变量间的关系及分析方法

函数关系 （确定性关系）	相关关系（非确定性关系）			
	平行关系（相关分析）		依存关系（回归分析）	
	一元相关分析	多元相关分析	一元回归分析	多元回归分析

表 2-1 所示的众多变量里，TenYearCHD（冠心病的十年风险）变量无疑是需要分

析的因变量，而对于其他的一些变量如性别、年龄等，则是自变量。在本案例中很容易判断得出，当前变量间是有相关关系的，这也是本次分析的目的所在。

（二）变量的取值类型

确定了自变量与因变量之后，还需要了解变量的取值类型。对于因变量与自变量，因其数据呈现的样式不同，分别对应着不同的分类。可将因变量记为 y，自变量记为 $x_1, x_2, \cdots, x_p$，$X = (x_1, x_2, \cdots, x_p)'$。每个 x 表示的是每个可能会对因变量造成影响的自变量。如可能情况下，x_1 可能对应的是性别，而 x_2 可能对应的是年龄，X 为变量观察矩阵。

因变量 y 一般有如下五种取值方式：

• y 为连续变量，如心脏面积、肺活量、血红蛋白量等。

• y 为 0-1 变量或二分类变量，如实验"成功"与"失败"，实验"有效"与"无效"，治疗结果"存活"与"死亡"等。

• y 为有序变量（等级变量），如治理结果"治愈""显效"和"无效"；检查结果为"-""+""++""+++"等。

• y 为多分类变量（无序变量），如脑肿瘤分良性、恶性、转移瘤；小儿肺炎分结核性、化脓性和细菌性等。

• y 为连续伴有删失变量，如某病治疗后存活时间可能有失访删失、终检删失和随机删失等。

对于自变量 x_i 一般有如下三种取值方式：

• x_i 为连续变量，如身高、体重等，一般称 x_i 为自变量或协变量。

• x_i 为分类变量，如性别（男、女）、居住地（城市、乡镇、农村）等，一般称 x_i 为因素。

• x_i 为等级变量，如吸烟量（不吸烟、0~10 支、10~20 支、20 支以上等），一般 x_i 可通过评分转化为协变量，也可以看成因素，等级数可看成因素的水平数。

（三）模型选择方式

对不同的变量分析变量间关系的时候，适合使用的模型也有所不同，根据变量的取值类型，可对应表 2-3 进行模型的选择。

表 2-3　　　　　　　　　　不同变量类型对应的分析模型

$x \backslash y$	连续	0-1	有序	多分类	删失
连续	线性回归方程				
分类	实验设计模型或方差分析模型	logistic 回归模型	累积比数模型对数线性模型	对数线性模型多分类 logistic 回归模型	cox 比例风险模型
连续分类	协方差分析模型				

四、数据预处理

获取到的数据中存在着空值，如果直接使用空值进行分析操作，往往得不到正确的结果。部分数据以数字的形式存储不利于直观的分析和判断。因此在预处理阶段，需要删除缺失数据并转换变量内容。

（一）删除缺失数据

如前所述，使用 na. fail( ) 函数能够判断数据是否存在缺失值，如果没有缺失值时，na. fail( ) 函数会返回原来的结果。若希望去除掉数据集中的缺失数据，可以使用 na. omit( ) 函数：

```
> # 去除掉数据集中的缺失值

> f = na.omit(rdata)
```

得到的数据集 f 为去除了缺失值的数据集，从数量上便可分辨得出区别：

```
> #数据量对比

> nrow(rdata)

[1] 2163

> nrow(f)

[1] 1840
```

虽然获取的数据量变小了，但是分析的过程能够得到更加精准的结果。

（二）变量标签替换

对于案例中的其他数据，可以将一些 0-1 变量或者分类变量直接转换为数据集中的结果，使之转换为我们所指定的标签。例如，可以通过 factor() 函数改变性别变量，即将原有的 0、1 变量转换为女、男变量。根据前面的字段说明表格，可以执行如下操作：

```
> #转换为因子并重新指定类别标签
> f$male<-factor(f$male,order = TRUE,levels = c(0,1),labels = c("女""男"))
> f$education<-factor(f$education,order = TRUE,levels = c(1,2,3,4),labels = c("高中""GED""职业学校""大学"))
> f$currentSmoker<-factor(f$currentSmoker,order = TRUE,levels = c(0,1),labels = c("吸烟""不吸烟"))
> f$BPMeds<-factor(f$BPMeds,order = TRUE,levels = c(0,1),labels = c("不服药""服药"))
> f$prevalentStroke<-factor(f$prevalentStroke,order = TRUE,levels = c(0,1),labels = c("正常""中风"))
> f$prevalentHyp<-factor(f$prevalentHyp,order = TRUE,levels = c(0,1),labels = c("正常""高血压"))
> f$diabetes<-factor(f$diabetes,order = TRUE,levels = c(0,1),labels = c("正常""糖尿病"))
> f$TenYearCHD<-factor(f$TenYearCHD,order = TRUE,levels = c(0,1),labels = c("无风险""有风险"))
> head(f)
```

```
  male age education currentSmoker cigsPerDay BPMeds prevalentStroke prevalentHyp diabetes totChol sysBP diaBP   BMI
1   女  61  职业学校        不吸烟         30 不服药            正常         高血压       正常     225 150.0    95 28.58
2   女  46  职业学校        不吸烟         23 不服药            正常           正常       正常     285 130.0    84 23.10
3   女  43       GED          吸烟          0 不服药            正常         高血压       正常     228 180.0   110 30.30
4   女  63        高中          吸烟          0 不服药            正常           正常       正常     205 138.0    71 33.11
5   女  45       GED        不吸烟         20 不服药            正常           正常       正常     313 100.0    71 21.68
6   男  52        高中          吸烟          0 不服药            正常         高血压       正常     260 141.5    89 26.36
  heartRate glucose TenYearCHD
1        65     103     有风险
2        85      85     无风险
3        77      99     无风险
4        60      85     有风险
5        79      78     无风险
6        76      79     无风险
```

head() 函数显示中文时可能会因显示的偏差导致列的对应不齐，但不影响后续的操作。

第三节　数据分析及检验

在明确了分析目的、并以简单观察了解了数据集的构成方式后，便可对数据进行一系列用以探究数据集变量之间特征关系的分析。

一、描述性统计分析

描述性统计分析是分析的前期尝试，描述性统计分析往往运用制表、分类、图形以及概括性数据来描述数据特征的各项活动。描述性统计分析要对调查总体所有变量的有关数据进行统计性分析，主要包括数据的频数分析、集中趋势分析、离散程度分析及一些基本的统计分析图形。

（一）统计分析函数

在 SparkR 包中附带了一系列的统计函数，可以利用这些统计函数进行描述性统计分析，或者是对这些统计函数进行较为复杂的分组，使之成为后续复杂分析模型中的一部分。

1. 频数分析

在统计数据分析的前期可进行一些计数统计可以较为直观的了解数据集中特定字段的分布情况。而计数就需要对数据进行聚合，SparkR 中有着相似 SQL 的分组和聚合操作，使用的是 summarize( ) 函数，该函数可以通过 groupBy( ) 函数和指定 count 参数的方式进行数据的统计：

```
> #统计采样数据集中,有风险和无风险人数统计
> head(summarize(groupBy(sampledata,sampledata $TenYearCHD),count = n(sampledata
$TenYearCHD)))
```

	TenYearCHD	count
1	1	346
2	0	1817

这种写法比较复杂，也可以使用 count( ) 函数与 groupBy( ) 函数结合的方式，达到同样的效果：

```
> #有风险和无风险人数统计的另一种写法
> head(count(groupBy(sampledata,sampledata $TenYearCHD)))
```

	TenYearCHD	count
1	1	346
2	0	1817

对于数据集中的 0-1 变量，都可以通过该方式统计分布情况。接着可在已获得有风险人群的数据集的基础之上，分析有风险人群的性别、学历、是否吸烟、是否服用降压药、是否患过中风、是否患过高血压、是否患过糖尿病等。

```
> #性别频数
> head(count(groupBy(CHDdata,CHDdata $male)))
```

	male	count
1	1	189
2	0	157

```
> #学历频数
> head(count(groupBy(CHDdata,CHDdata $education)))
```

	education	count
1	NA	11
2	1	183

3	3	34
4	4	42
5	2	76

> #是否吸烟频数
> head(count(groupBy(CHDdata,CHDdata $currentSmoker)))

	currentSmoker	count
1	1	175
2	0	171

> #是否服用降压药频数
> head(count(groupBy(CHDdata,CHDdata $BPMeds)))

	BPMeds	count
1	NA	3
2	1	20
3	0	323

> #是否患过中风频数
> head(count(groupBy(CHDdata,CHDdata $prevalentStroke)))

	prevalentStroke	count
1	1	6
2	0	340

> #是否患过高血压频数
> head(count(groupBy(CHDdata,CHDdata $prevalentHyp)))

	prevalentHyp	count
1	1	166
2	0	180

> #是否患过糖尿病频数
> head(count(groupBy(CHDdata,CHDdata $diabetes)))

	diabetes	count
1	1	18
2	0	328

从频数分析中可得出，"高中学历、没有服用过降压药、没有患过中风和没有患过糖尿病的人被评估为有风险的概率反而更高"这一结论。但这只是简单初步的分析，有时候还需要站在全局的角度考虑，因为样本本身并非是均匀分布的结果，如调查样本也许更倾向于调查高中学历人群、服用过降压药的人群本身较少等后天影响因素。

2. 集中趋势分析

数据的集中趋势用来反映数据的一般水平，常用的指标有平均值、中位数和众数等。在 SparkR 包中，可用 avg( ) 或 mean( ) 函数获取平均值。除此之外，数据的最大值和最小值也往往是人们所关注的，可以使用 max( ) 或 min( ) 来分析。对于一些连续变量，如年龄、每天吸烟数量、总胆固醇、收缩压和舒张压、体重指数、心率、葡萄糖水平等，都可以使用这种方式进行分析：

```
> #有风险数据集的年龄平均数、最大值和最小值
> head(select(CHDdata,avg(CHDdata $age),max(CHDdata $age),min(CHDdata $age)))

   avg(age) max(age) min(age)
1 53.93353      70       36

> #创建无患病风险数据集
> NoCHDdata = filter(sampledata, sampledata $TenYearCHD = = 0)
> #无风险数据集的年龄平均数、最大值和最小值
> head(select(NoCHDdata,avg(NoCHDdata $age),max(NoCHDdata $age),min(NoCHDdata $age)))

   avg(age) max(age) min(age)
1  48.8404      69       32
```

从两者的对比上便可以很明显地看出，无风险人群的年龄普遍要比有风险人群要小一些。

3. 离散程度分析

离散程度分析主要是用来反映数据之间的差异程度，常用的指标有方差和标准差。方差和标准差数值越小，表示数据越集中。对于年龄变量，可以使用 stddev( ) 函数计

算标准差，使用 var( ) 函数计算方差。

```
> # 计算 age 字段的标准差、方差

> head(select(CHDdata,stddev(CHDdata $age),var(CHDdata $age)))

    stddev_samp(age) var_samp(age)

1        7.842927       61.51151
```

除了上述方式之外，R 语言本身和 SparkR 分别提供了用以描述性分析的函数。对于 data.frame 而言，使用 summary( ) 函数可以返回各个字段的最小值、四分之一位、中值、平均值、四分之三位和最大值，以便让研究人员直观地观察数据的分布情况。而 SparkR 中的 describe( ) 函数，也可以返回计数、平均值、标准差、最小值和最大值。

```
> # 描述性统计采样的数据

> collect(describe(sampledata))

  summary                male                 age       education        currentSmoker            cigsPerDay
1   count                2163                2163            2103                 2163                  2146
2    mean 0.4345815996301433 49.655108645399906 1.9728958630527818   0.49884419787332407    9.164492078285182
3  stddev 0.4958165861660226  8.670681484992125 1.0229188717441478   0.5001142841152204   11.989368528572426
4     min                   0                  32               1                    0                     0
5     max                   1                  70               4                    1                    60
                  BPMeds   prevalentStroke       prevalentHyp             diabetes              totchol
1                   2132               2163               2163                 2163                 2135
2  0.02954971857410882 0.006010171058714748 0.31807674526121027  0.027739251040221916   235.94192037470725
3  0.16938119597354356 0.07730984482856976  0.4658371549984025   0.16426277561606215    43.53676875267426
4                     0                  0                  0                    0                  107
5                     1                  1                  1                    1                  600
                   sysBP              diaBP                BMI          heartRate              glucose           TenYearCHD
1                   2163               2163               2155               2162                 1950                 2163
2  132.6380027739251  83.01132686084142 25.847897911832945  75.97918593894542   82.24564102564102  0.15996301433194637
3  22.282083336671608 11.822968999883491 4.075863459712483  11.923791315558896  24.566611240969216  0.36665651692917695
4                  85.5               50.0              15.54                 45                   40                    0
5                 295.0              142.5              51.28                143                  394                    1
```

```
> # 转换为 R 语言的 data.frame 后的描述性统计

> summary(as.data.frame(sampledata))

      male              age          education      currentSmoker       cigsPerDay          BPMeds
 Min.   :0.0000   Min.   :32.00   Min.   :1.000   Min.   :0.0000   Min.   : 0.000   Min.   :0.00000
 1st Qu.:0.0000   1st Qu.:42.00   1st Qu.:1.000   1st Qu.:0.0000   1st Qu.: 0.000   1st Qu.:0.00000
 Median :0.0000   Median :49.00   Median :2.000   Median :0.0000   Median : 0.000   Median :0.00000
 Mean   :0.4346   Mean   :49.66   Mean   :1.973   Mean   :0.4988   Mean   : 9.164   Mean   :0.02955
 3rd Qu.:1.0000   3rd Qu.:57.00   3rd Qu.:3.000   3rd Qu.:1.0000   3rd Qu.:20.000   3rd Qu.:0.00000
 Max.   :1.0000   Max.   :70.00   Max.   :4.000   Max.   :1.0000   Max.   :60.000   Max.   :1.00000
                                  NA's   :60                       NA's   :17       NA's   :31
 prevalentStroke    prevalentHyp       diabetes          totchol           sysBP            diaBP              BMI
 Min.   :0.00000   Min.   :0.0000   Min.   :0.00000   Min.   :107.0   Min.   : 85.5   Min.   : 50.00   Min.   :15.54
 1st Qu.:0.00000   1st Qu.:0.0000   1st Qu.:0.00000   1st Qu.:206.0   1st Qu.:117.0   1st Qu.: 75.00   1st Qu.:23.07
 Median :0.00000   Median :0.0000   Median :0.00000   Median :233.0   Median :128.0   Median : 82.00   Median :25.40
 Mean   :0.00601   Mean   :0.3181   Mean   :0.02774   Mean   :235.9   Mean   :132.6   Mean   : 83.01   Mean   :25.85
 3rd Qu.:0.00000   3rd Qu.:1.0000   3rd Qu.:0.00000   3rd Qu.:261.0   3rd Qu.:144.0   3rd Qu.: 90.00   3rd Qu.:28.11
 Max.   :1.00000   Max.   :1.0000   Max.   :1.00000   Max.   :600.0   Max.   :295.0   Max.   :142.50   Max.   :51.28
                                                      NA's   :28                                       NA's   :8
   heartRate         glucose         TenYearCHD
 Min.   : 45.00   Min.   : 40.00   Min.   :0.00
 1st Qu.: 68.00   1st Qu.: 72.00   1st Qu.:0.00
 Median : 75.00   Median : 78.00   Median :0.00
 Mean   : 75.98   Mean   : 82.25   Mean   :0.16
 3rd Qu.: 83.00   3rd Qu.: 87.00   3rd Qu.:0.00
 Max.   :143.00   Max.   :394.00   Max.   :1.00
 NA's   :1        NA's   :213
```

```
> # 重新设置标签后的描述性统计

> summary(f)

male           age           education        currentSmoker    cigsPerDay         BPMeds         prevalentStroke  prevalentHyp
女:1009    Min.    :32.00   高中     :779    吸烟 :931    Min.    : 0.00    不服药:1783    正常:1828        正常   :1253
男: 831    1st Qu. :42.00   GED      :557    不吸烟:909    1st Qu. : 0.00    服药  :  57    中风:  12        高血压: 587
          Median :49.00     职业学校:289                 Median : 0.00
          Mean    :49.68    大学     :215                 Mean    : 9.14
          3rd Qu. :57.00                                 3rd Qu. :20.00
          Max.    :69.00                                 Max.    :60.00
   diabetes       totChol          sysBP            diaBP             BMI            heartRate          glucose
正常   :1784    Min.    :135.0   Min.    : 85.5   Min.    : 51.0   Min.    :15.54   Min.    : 45.00   Min.    : 40.00
糖尿病:  56    1st Qu. :206.0   1st Qu. :117.0   1st Qu. : 75.0   1st Qu. :23.09   1st Qu. : 68.00   1st Qu. : 71.00
               Median :234.0    Median :128.8    Median : 82.0    Median :25.43    Median : 75.00    Median : 78.00
               Mean    :236.7   Mean    :132.7   Mean    : 83.0   Mean    :25.87   Mean    : 75.82   Mean    : 82.29
               3rd Qu. :262.0   3rd Qu. :144.0   3rd Qu. : 90.0   3rd Qu. :28.12   3rd Qu. : 82.00   3rd Qu. : 87.00
               Max.    :600.0   Max.    :295.0   Max.    :142.5   Max.    :51.28   Max.    :143.00   Max.    :394.00

  TenYearCHD
无风险:1540
有风险: 300
```

若只分析某一列的具体特征数据如年龄时，可配置列的信息，便能返回所需要的变量来描述统计结果：

```
> # age 变量的描述性统计结果

> head(describe(sampledata,' age' ))
```

	summary	age
1	count	2163
2	mean	49.655108645399906
3	stddev	8.670681484992125
4	min	32
5	max	70

（二）数据直观分析与作图

数据的可视化展示，能够帮助分析人员理解数据本身的一些特征规律，并以较为直观的方式进行呈现。图的表现力要高于简单枯燥的数字，最好采用图表展示数据分布或呈现统计数据。

R 语言本身自带的一系列作图函数无法直接作用于 SparkDataFrame，需要将其转换为 R 的 data. frame 便于操作。因此，在作图的过程中需要使用之前所创建的 f 数据集。如使用 table( )函数统计有风险和无风险人数：

```
> # 获得有无风险人数统计
> table(f $TenYearCHD)
```

无风险	有风险
1540	300

此时获得的数字不能较为直观地展示，因此需要将其转化成百分比，在此使用 nrow( ) 函数获取行数，使用 round( ) 函数获取 2 位有效数字：

```
> # 获得有无风险人数百分比统计
> f1 = round(table(f $TenYearCHD)/nrow(f)* 100,2)
> f1
```

无风险	有风险
83.7	16.3

这样显示出的数据便比较便于理解。接下来还可以将其转换输出结果并进行文本组合：

```
> # 转换输出结果
> f2 = sapply(c("无风险","有风险"), FUN = function(x) paste(x,f1,"% ",sep = " "))
> f2
```

	无风险	有风险
[1]	"无风险 83.7 % "	"有风险 83.7 % "
[2]	"无风险 16.3 % "	"有风险 16.3 % "

简单的字符组合不是理想的结果，而预期的结果处于对角线上，因此可以使用 diag( ) 函数获取对角线结果：

```
> # 获取对角线结果
> diag(f2)
```

[1] "无风险 83.7 % " "有风险 16.3 % "

最后，使用饼状图，将数据结果进行展示（如图 2-10 所示）：

```
> # 饼状图展示
> pie(table(f $TenYearCHD),labels = diag(f2),main = "未来十年是否有心脏病风险")
```

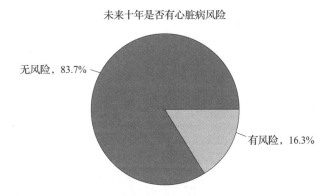

图 2-10　饼状图展示数据结果：未来十年是否有心脏病风险

也可以用其他的图形来进行不同的数据展示（如图 2-11、图 2-12、图 2-13、图 2-14、图 2-15、图 2-16、图 2-17 所示）：

```
> barplot(table(f $male,f $TenYearCHD),main = "性别对风险的影响",legend.text = TRUE)
```

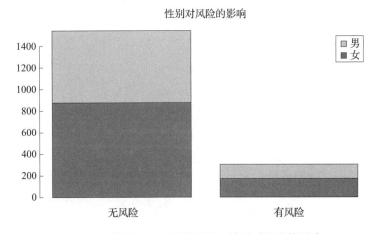

图 2-11　柱状图展示数据结果：性别对风险的影响

```
> barplot(table(f $currentSmoker,f $TenYearCHD),main = "吸烟对风险的影响",legend.
text = TRUE)
```

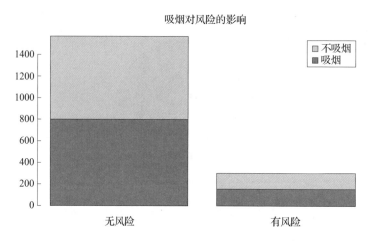

图 2-12　柱状图展示数据结果：吸烟对风险的影响

```
> barplot(table (f $BPMeds, f $TenYearCHD), main = "降压药对风险的影响", legend.
text = TRUE)
```

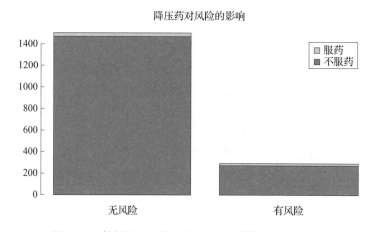

图 2-13　柱状图展示数据结果：降压药对风险的影响

```
> barplot(table(f $prevalentStroke,f $TenYearCHD),main = "中风对风险的影响",legend.
text = TRUE)
```

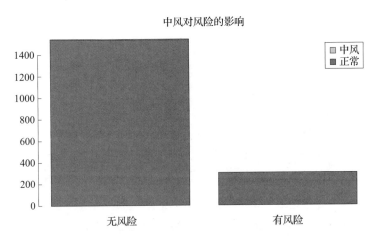

图 2-14　柱状图展示数据结果：中风对风险的影响

```
> barplot(table(f $prevalentHyp,f $TenYearCHD),main = "高血压对风险的影响",legend.
text = TRUE)
```

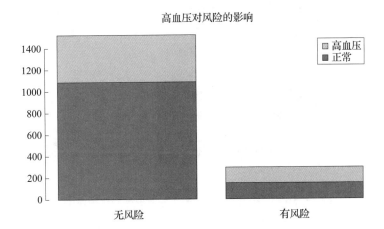

图 2-15　柱状图展示数据结果：高血压对风险的影响

```
> barplot(table(f$diabetes,f$TenYearCHD),main = "糖尿病对风险的影响",legend.
text = TRUE)
```

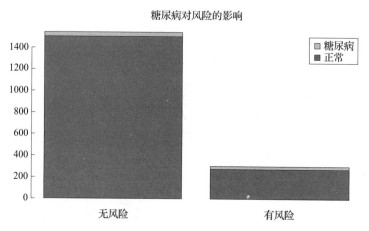

图 2-16 柱状图展示数据结果：糖尿病对风险的影响

```
> barplot(table(f$education,f$TenYearCHD),main = "学历对风险的影响",legend.text =
TRUE)
```

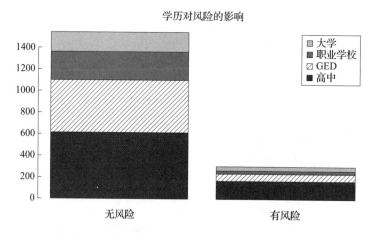

图 2-17 柱状图展示数据结果：学历对风险的影响

从图表中可以看出，将有风险和无风险两组数据集加入之前统计函数，发现图 2-15 的无风险条形图中的颜色有较为明显的差别，可得出血压正常的人无风险概率较高的结论。

而对于非分类或 0-1 变量的数据，可使用 plot( ) 函数进行呈现：

```
> boxplot(f $age ~f $TenYearCHD,f,main = "年龄对风险的影响")
```

图 2-18、图 2-19 分别为年龄、吸烟数对风险的影响的箱形图。

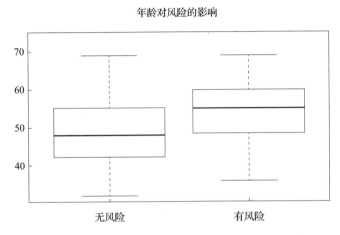

图 2-18　箱形图展示数据结果：年龄对风险的影响

```
> boxplot(f $cigsPerDay ~f $TenYearCHD,f,main = "吸烟数对风险的影响")
```

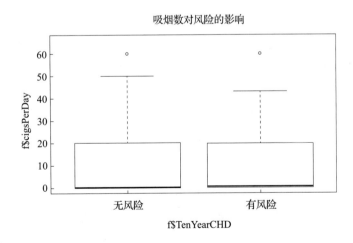

图 2-19　箱形图展示数据结果：吸烟数对风险的影响

> boxplot(f $totChol ~f $TenYearCHD,f,main = "总胆固醇水平对风险的影响")

图 2-20 和图 2-21 分别为总胆固醇水平与收缩压对风险的影响。

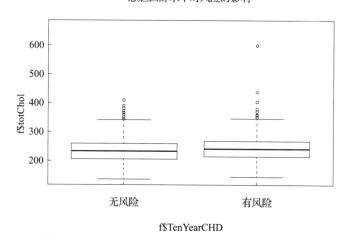

图 2-20　箱形图展示数据结果：总胆固醇水平对风险的影响

> boxplot(f $sysBP ~f $TenYearCHD,f,main = "收缩压对风险的影响")

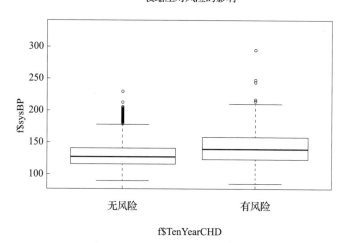

图 2-21　箱形图展示数据结果：收缩压对风险的影响

> boxplot(f $diaBP ~f $TenYearCHD,f,main = "舒张压对风险的影响")

图 2-22、图 2-23 分别为舒张压和体重指数对风险的影响。

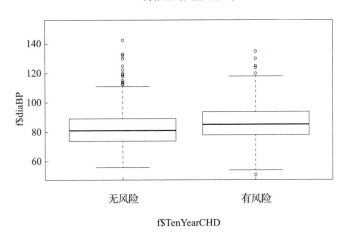

图 2-22 箱形图展示数据结果：舒张压对风险的影响

> boxplot(f $BMI ~f $TenYearCHD,f,main = "体重指数对风险的影响")

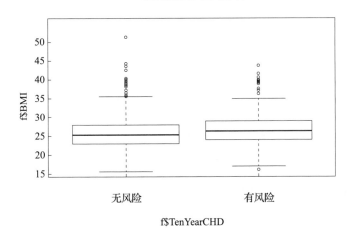

图 2-23 箱形图展示数据结果：体重指数对风险的影响

> boxplot(f $heartRate~f $TenYearCHD,f,main = "心率对风险的影响")

图 2-24、图 2-25 分别为心率和血糖对风险的影响。

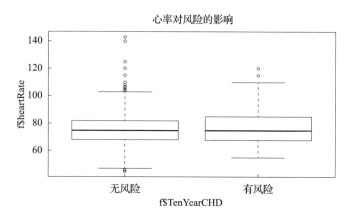

图 2-24　箱形图展示数据结果：心率对风险的影响

> boxplot(f $glucose~f $TenYearCHD,f,main = "血糖对风险的影响")

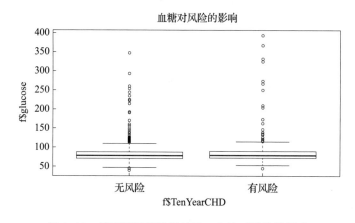

图 2-25　箱形图展示数据结果：血糖对风险的影响

从作图结果可十分清晰地看出，有风险数据集相比于无风险数据集，在年龄、总胆固醇水平、收缩压、舒张压、体重指数、心率等方面均显示出较高概率。因此可以判断得出，这些变量对于冠心病风险有一定的影响。

二、变量的相关与回归分析

了解到了部分变量对于冠心病风险的影响后，这些变量与风险之间的关系到底如何呢？能否使用公式对这些变量的关系进行表示呢？哪些变量与风险有强相关性，哪些与风险呈弱相关性的呢？变量之间是否是存在着互相影响的情况？

（一）相关分析的原理

相关分析就是通过对大量数字资料的观察，消除偶然因素的影响，探求现象之间的密切程度及表现形式。研究现象之间相关关系的理论方法称为相关分析法。

相关分析以现象之间是否相关、相关的方向和密切程度等为主要研究内容，它不区分自变量与因变量，也不关心各变量的构成形式。其主要分析方法有绘制相关图、计算相关系数和检验相关系数。

为了确定相关变量之间的关系，一般的做法是将收集的数据以散点图的方式在直角坐标系上呈现。根据散点图，当自变量取某一值时，因变量对应为某一概率分布，如果对于所有的自变量取值，其因变量的概率分布都相同，则说明因变量和自变量之间是没有相关关系的。反之，如果自变量的取值不同，因变量的分布也不同，则说明两者是存在相关关系的，如图 2-26 所示。

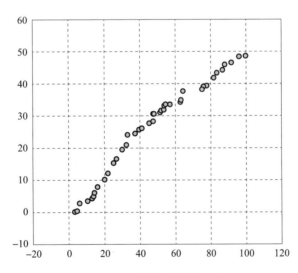

图 2-26　相关性变量的散点图

在所有相关分析中，最简单的分析是两个变量之间的线性相关性，因为它只涉及两个变量。一个变量的数值发生变动，另一变量的数值也随之发生人致均等的变动，其各点的分布在平面图上近似地表现为一条直线，这种相关关系就称为直线相关（也叫线性相关）。

线性相关分析是用相关系数来表示两个变量间相互的线性关系，以此来判断其密切程度的统计方法，其计算公式为：

$$\rho = \frac{cov(x,y)}{\sqrt{var(x)var(y)}} = \frac{\sigma_{xy}}{\sqrt{\sigma_x^2 \sigma_y^2}}$$

式中，σ_x^2 为变量 x 的总体方差，σ_y^2 为变量 y 的总体方差，σ_{xy} 为变量 x 与变量 y 的总体协方差。相关系数 ρ 没有单位，相关系数 ρ 的值在 -1 和 1 之间且可以是此范围内的任何值。正相关时，ρ 值在 0 和 1 之间，散点图呈现斜向上趋势，这时随着一个变量增加，另一个变量也增加；负相关时，ρ 值在 -1 和 0 之间，散点图呈现斜向下的趋势，此时随着一个变量增加，另一个变量将减少。ρ 的绝对值越接近 1，两变量的关联程度越强；ρ 的绝对值越接近 0，两变量的关联程度越弱。

实际情况中，往往会通过对原始数据进行采样，获取一部分的样本数据，计算样本的线性相关系数（Pearson 相关系数），其计算公式为：

$$r = \frac{s_{xy}}{\sqrt{s_x^2 \cdot s_y^2}} = \frac{l_{xy}}{\sqrt{l_{xx} \cdot l_{yy}}} = \frac{\sum(x-\bar{x})(y-\bar{y})}{\sqrt{\sum(x-\bar{x})^2 \sum(y-\bar{y})^2}}$$

式中，s_x^2 为变量 x 的样本方差，s_y^2 为变量 y 的样本方差，s_{xy} 为变量 x 与变量 y 的样本协方差。l_{xx} 为 x 的离均差平方和，l_{yy} 为 y 的离均差平方和，l_{xy} 为 x 与 y 的离均差乘积之和，简称为离均差积和，其值可正可负。实际计算时可按下式简化：

$$
\begin{cases}
l_{xx} = \sum(x-\bar{x})^2 = \sum x^2 - \dfrac{(\sum x)^2}{n} \\[2mm]
l_{yy} = \sum(y-\bar{y})^2 = \sum x^2 - \dfrac{(\sum y)^2}{n} \\[2mm]
l_{xy} = \sum(x-\bar{x})(y-\bar{y}) = \sum xy - \dfrac{(\sum x)(\sum y)}{n}
\end{cases}
$$

（二）相关分析的操作

在本项目中，分析人员需要知道的是，当前分析得到的一系列变量中是否存在着相关性的变量，以及变量之间是否有一定的关联关系。比如，血压与血糖之间是否有相关性，抽烟数量对于心率是否有影响。

1. 相关性分析

最简单的相关性分析方法便是对每个变量都绘制散点图，以直观地观察每个字段之间是否有线性相关。但对于离散的数据来说，绘制出的图将无法呈现明显的相关性特性，因此可以先对每一个连续的变量进行制图：

```
> #构建由连续变量组成的 data.frame
> f3 = data.frame(f$age,f$cigsPerDay,f$totChol,f$sysBP,f$diaBP,f$BMI,f$heartRate,f$glucose)
> head(f3)
```

	f.age	f.cigsPerDay	f.totChol	f.sysBP	f.diaBP	f.BMI	f.heartRate	f.glucose
1	61	30	225	150.0	95	28.58	65	103
2	46	23	285	130.0	84	23.10	85	85
3	43	0	228	180.0	110	30.30	77	99
4	63	0	205	138.0	71	33.11	60	85
5	45	20	313	100.0	71	21.68	79	78
6	52	0	260	141.5	89	26.36	76	79

```
> #绘制散点图
> pairs(f3)
```

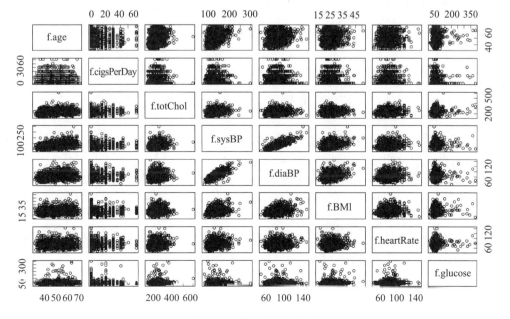

图 2-27 散点图绘制结果

通过多元散点图可以发现，f. sysBP 所在的行列与 f. diaBP 所在行列的散点图呈现出较为线性的关系，而其他散点图呈现出明显的线性化。接着通过计算相关系数，来分析是否呈线性关系：

```
    > #计数相关系数
> cor(f3)

              f.age f.cigsPerDay    f.totchol      f.sysBP      f.diaBP        f.BMI f.heartRate   f.glucose
f.age        1.00000000 -0.173487721  0.258710696  0.40134467  0.24093597  0.13615445  0.02516532  0.09785750
f.cigsPerDay -0.17348772  1.000000000 -0.001661165 -0.09612916 -0.06156365 -0.10435087  0.04591662 -0.04686824
f.totchol    0.25871070 -0.001661165  1.000000000  0.21866299  0.15763392  0.12563714  0.10850355  0.07989379
f.sysBP      0.40134467 -0.096129162  0.218662993  1.00000000  0.79090183  0.33965521  0.17980620  0.10040472
f.diaBP      0.24093597 -0.061563605  0.157633921  0.79090183  1.00000000  0.38222846  0.16398698  0.05135644
f.BMI        0.13615445 -0.104350870  0.125637137  0.33965521  0.38222846  1.00000000  0.05617761  0.09808860
f.heartRate  0.02516532  0.045916620  0.108503548  0.17980620  0.16398698  0.05617761  1.00000000  0.09111566
f.glucose    0.09785750 -0.046868241  0.079893793  0.10040472  0.05135644  0.09808860  0.09111566  1.00000000
```

在所有变量的相关系数中，绝对值最接近 1 的是 f. sysBP 和 f. diaBP，与肉眼观察所得到的结论相似。但相关系数是否显著，尚需进行假设检验。

2. 相关系数的假设检验

r 与其他统计指标一样，存在抽样误差。即便在大数据场景下，也不能够忽视这样一个问题。而且，从同一总体内抽取若干大小相同的样本，各样本的相关系数总有波动。若想判断不等于 0 的 r 值来自总体相关系数 $\rho = 0$ 的总体，还是 $\rho \neq 0$ 的总体，必须对其进行显著性检验。

在进行假设检验时，首先要建立检验假设。

假设 H_0：$\rho = 0$，H_1：$\rho \neq 0$（$\alpha = 0.05$），H_0 表示不呈线性关系，H_1 表示呈线性关系，当 $P < \alpha$ 时，于显著性水平 $\alpha = 0.05$ 上拒绝 H_0，接收 H_1；否则接收 H_0：

```
> #相关系数假设检验
> cor.test(f3$f.sysBP,f3$f.diaBP)

        Pearson's product-moment correlation

data:   f3$f.sySBP and f3$f.diaBP

t = 55.41, df = 1838, p-value < 2.2e-16

alternative hypothesis: true correlation is not equal to 0

95 percent confidence interval:
```

```
  0. 7731477 0. 8074174

sample estimates:

     cor

0. 7909018
```

p-value 的值即为 P 值，由于 $P = 2.2e^{-16}$，于是在显著性水平 $\alpha = 0.05$ 上拒绝 H_0，接收 H_1，可认为 sysBP 变量与 diaBP 变量呈现正的线性关系。

要注意，t 检验的前提为：来自正态分布总体；随机样本；均数比较时要求两样本总体方差相等，即具有方差齐性。读者可以据此自行进行尝试其他字段的分析。

(三) 简单回归分析的原理

简单回归模型是通过回归分析研究两变量之间的依存关系，区分出自变量和因变量，并研究确定自变量和因变量之间的具体关系的方程形式。这种关系被称为回归模型，其中以一条直线方程表明两变量关系的模型叫单变量（一元）线性回归模型，分析的主要步骤包括：建立回归模型、求解回归模型中的参数、对回归模型进行检验等。

对于一元线性回归模型，可以在散点图中拟出直线方程，通过添加估计方程线的方式，能够直观地看到直线呈现的样子。直线方程的模型为：

$$\hat{y} = a + bx$$

式中，$\hat{y}$ 为因变量 y 的估计值，x 为自变量的实际值，a、b 为待估计参数。其几何意义是：a 是直线方程的截距，b 是斜率。配合回归直线的目的是要找到一条理想的直线，用直线上的点来代表所有的相关点。计算 a 与 b 常用的方法是最小二乘估计法（least square estimate）。

从之前得到的散点图中可以看出，虽然 x 与 y 间有直线趋势存在，但并不是一一对应的。每个值 x_i 与 $y_i(i = 1, 2, \cdots, n)$ 用回归方程估计的 $\hat{y}_i$ 值（即直线上的点）之间或多或少存在一定的差距。这些差距可以用 $(y_i - \hat{y}_i)$ 来表示，称为估计误差或残差（residual）。要使回归方程比较"理想"，应该使这些估计误差尽量小一些，也就是使估计误差平方和达到最小：

$$Q = \sum_{i=1}^{n} (y_i - y_i)^2 = \sum_{i=1}^{n} \left[y_i - (a + bx_i) \right]^2$$

对 Q，求关于 a 和 b 的偏导数，并分别令其等于 0，可得：

$$b = \frac{\sum_{i=1}^{n}(x_i - \bar{x})(y_i - \bar{y})}{\sum_{i=1}^{n}(x_i - \bar{x})^2} = \frac{l_{xy}}{l_{xx}}, a = \bar{y} - b\bar{x}$$

式中，l_{xx} 表示 x 的离差平方和，l_{xy} 表示 x 与 y 的离差积和。

（四）简单回归分析的操作

对于之前相关分析中得到的 sysBP 与 diaBP 两个存在相关性且显现出线性相关的变量，可使用 lm( ) 函数来构建一元线性回归模型：

```
> #构建一元线性回归模型
> fm = lm(f3$f.sysBP ~f3$f.diaBP,data = f3)
> fm
```

```
Call:
lm(formula = f3$f.sysBP ~f3$f.diaBP, data = f3)


Coefficients:
(Intercept)    f3$f.diaBP

     7.860          1.504
```

将得到的两个数值代入公式中，便得到了拟合出的回归方程：

$$\hat{y} = 7.860 + 1.504x$$

fm( ) 函数中所用到的模型公式 formula，有一套相关的编写规则，用以设置数据集中用来分析的字段，如表 2-4 所示。

表 2-4   模型公式编写规则

符号	含义
~	~前为被解释变量，~后为解释变量
+	分割多个解释变量。如 y~x1+x2 其表示分析 y 如何受到 x1 和 x2 的线性影响
:	两个解释变量的交互效应。如 y~x1+x2+x1：x2 其表示分析 y 如何收到 x1，x2 以及 x1 和 x2 的交互效应的线性影响

续表

符号	含义
*	解释变量交互效应的简捷表示。如 y~x1 * x2 * x3 等同于 y~x1+x2+x3+x1：x2+x1：x3+x2：x3+x1：x2：x3
^	解释变量的交互效应到达指定阶数。如 y~(x1+x2+x3)^2 等同于 y~x1+x2+x3+x1：x2+x1：x3+x2：x3
.	解释变量是数据框中除被解释变量之外的其他所有变量。如数据库包含 y，x1，x2，x3，而 y~. 等同于 y~x1+x2+x3
-	剔除指定的解释变量。如 y~(x1+x2+x3)^2-x2：x3 等同于 y~x1+x2+x3+x1：x2+x1：x3
-1	剔除截距项，建立不包含常数项的回归模型
I( )	从数学角度计算公式。如 y~I((x1+x2)^2) 表示建立 y 关于 z 的回归模型，z 等于 x1，x2 的平方和
函数名	R 公式中的各项可以包含函数。如 log(y)~x1+x2+x3，被解释变量为 y 的自然对数

得到了回归方程后，就可以将所构建的回归方程呈现到图片上进行展示（如图 2-28 所示）：

```
> #绘制散点图
> plot(f3$f.sysBP ~f3$f.diaBP,data = f3)
```

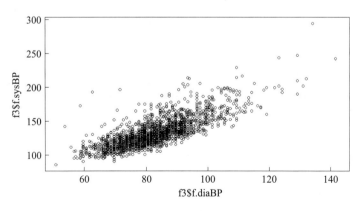

图 2-28　将回归方程呈现为散点图

```
> #添加回归线
> abline(fm)
```

图 2-29 为添加回归线后的散点图。

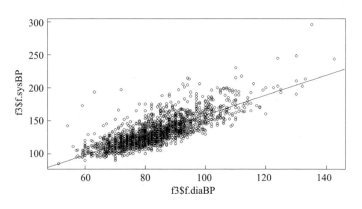

图 2-29　添加回归线后的散点图

对于求得的回归模型，还需对其进行假设检验，因为样本资料建立回归方程的目的是对两个变量的回归关系进行推断，也就是对总体回归方程作估计。由于存在抽样误差，样本回归系数 b 往往不会恰好等于总体回归系数 β。如果总体回归系数 $\beta=0$，那么当 $\hat{y}$ 是常数时，则无论 x 如何变化，都不会影响到 $\hat{y}$，回归方程就没有意义；当总体回归系数 $\beta=0$ 时，由样本资料计算得到的样本回归系数 b 不一定为 0，所以有必要对估计得到的样本回归系数进行检验。检验方法一般用方差分析或 t 检验，两者的检验结果是等价的。方差分析主要针对整个模型的，而 t 检验是针对回归系数的。

同样，假设 H_0：$\rho=0$，H_1：$\rho \neq 0$（$\alpha=0.05$）：

```
> #模型方差分析
> abline(fm)

Ahalysis of variance Tab1e

Response: f3$f. sySBP

              Df Sum sq Mean sq F value      Pr(>F)
f3$f.diaBP     1  581123  581123   3070.2 < 2.2e-16***
Residuals   1838  347892     189
---
signif. codes:  0 '***' 0.001 '**' 0.01 '*' 0.05 '.' 0.1 ' ' 1
```

```
> #回归系数 t 检验
> summary(fm)
```

call:

lm(formula = f3$f.sysBP ~f3$f.diaBP, data = f3)

Residuals:

Min	1Q	Median	3Q	Max
-30.726	-9.179	-1.713	6.675	90.369

Coefficients:

	Estimate	std.Error	t value	Pr(> |t |)	
(Intercept)	7.85972	2.27596	3.453	0.000566	***
f3$f.diaBP	1.50431	0.02715	55.410	< 2e-16	***

---

signif. codes: 0 '***' 0.001 '**' 0.01 '*' 0.05 '.' 0.1 ' ' 1

Residual standard error:13.76 on 1838 degrees of freedom

Multiple R-squared: 0.6255， Adjusted R-squared: 0.6253

F-statistic: 3070 on 1 and 1838 DF, p-value: < 2.2e-16

在这里，Signif. codes 表示 P 值在 $0 \sim 0.001$ 区间是最显著的，用 " $***$ " 表示；非常显著的 $0.001 \sim 0.01$ 区间，用 " $**$ " 表示；比较显著的 $0.01 \sim 0.05$ 区间，用 " $*$ " 表示；显著的 $0.05 \sim 0.1$ 区间，用 "." 表示；而 $0.1 \sim 1$ 区间用 " " 表示不显著。

从星号来看，两者的结果都显示 $P<0.05$，于是在 $\alpha=0.05$ 水平拒绝 H_0，即存在回归系数具有统计学意义，x 与 y 间存在回归关系。

三、logistic 回归模型构建与分析

对于项目的最终结果，即是否存在风险，由于其具有多元关联性，因此难以使用

简单的线性回归来拟合。在前面所学到的内容中，对应 0-1 变量，可以使用 logistic 回归模型来进行分析。

（一） logistic 回归分析概念

logistic 回归分析是一种广义的线性回归分析模型，常用于数据分析、数据挖掘、疾病自动诊断、经济预测等领域。因其也是一种广义线性回归，与多元线性回归分析有很多相同之处。

当因变量 y 为 0-1 的二分类变量时，虽然无法直接采用一般线性回归模型建模，但可充分借鉴其理论模型，得到以下分析结论。

第一，一般线性模型 $p(y=1 \mid x) = \beta_0 + \beta_1 x_1 + \beta_2 x_2 +, \cdots, + \beta_p x_p$，方程左侧为被解释变量取值 1 的概率，概率 p 的取值范围在 0~1 之间。为使其满足右侧取值在 $-\infty \sim +\infty$ 之间的要求，提示：如果对概率 p 进行合理转换，使其取值范围与右侧吻合，则左侧和右侧就可以通过等号连接起来。

第二，一般线性模型 $p(y=1 \mid x) = \beta_0 + \beta_1 x_1 + \beta_2 x_2 +, \cdots, + \beta_p x_p$，方程中概率 p 与自变量 x_i 之间的关系是线性的，但实际应用中，它们往往是一种非线性关系，比如，人的身高通常不会随着年龄的增长而直线增长，是在某个年龄段时增长速度较快，某些年龄段后增长速度下降。所以，这种变化关系是非线性的。

因此，一般对于 Logistic 模型分析的"目标曲线"，可以用如下公式表示：

$$P = P(y=1 \mid X) = \frac{\exp(\beta_0 + \beta_1 x_1 + \beta_2 x_2 +, \cdots, + \beta_p x_p)}{1 + \exp(\beta_0 + \beta_1 x_1 + \beta_2 x_2 +, \cdots, + \beta_p x_p)} = \frac{\exp(X\beta)}{1 + \exp(X\beta)}$$

对该公式作变换，得：

$$Logit(y) = \ln(\frac{P}{1-P}) = \beta_0 + \beta_1 x_1 + \beta_2 x_2 +, \cdots, + \beta_p x_p = X\beta$$

该公式称为 Logistic 回归模型，其中 $\beta_0, \beta_1, \cdots, \beta_p$ 为待估参数。确定了待估参数，模型变项应被确定，而 $x_0, x_1, \cdots, x_p$ 则为用以分析的变量。

（二） 变量选择

在选择用以分析的变量时，还需考虑以下因素：用于描述、解释现象时，回归方程中所包含的自变量应尽可能少一些；用于预测时，希望预测的均方误差较小；用于控制时，希望各回归系数具有较小的方差和均方误差。在实际问题中，可以提出许多对因变量有影响的自变量，变量选择太少或不恰当，会使建立的模型与实际偏差较大；而变量选得太多，则不方便使用，并且有时也会削弱估计和预测的稳定性，所以变量选择问题是一个十分重要的问题。在多元回归分析中，并不是变量越多越好。变量太多容易引起以下四个问题：增加了模型的复杂度；计算量增大；估计和预测的精度下降；模型应用费用增加。

为解决以上问题，人们提出了许多变量选择的准则，如全部子集法、向前引入法、向后删除法和逐步筛选法。

（三）逐步回归分析

在作多元线性回归分析时常有这样的情况：变量 $x_1, x_2, \cdots, x_p$ 相互之间常常是线性相关的，正如之前分析得到的 sysBP 与 diaBP 变量存在线性相关。若在 $x_1, x_2, \cdots, x_p$ 中任何两个变量之间完全线性相关，其相关系数为 1，则矩阵 $X'X$ 的秩小于 p，$(X'X)^{-1}$ 就无解。当存在任有两个变量具有较大的相关性时，矩阵 $X'X$ 处于病态，即其结果具有较大的波动，会给模型带来很大误差。因此作回归时，应选择变量中的一部分，剔除一些变量。逐步回归分析法就是寻找较优子空间的一种变量选择方法。

因此，当回归方程选择自变量 x_i，则称为引入变量；如果是删除，则称为剔除变量。无论是引入变量或剔除变量，都要利用 F 检验，将显著的变量引入回归方程，而将不显著的变量从回归方程中剔除。记引入变量的 F 检验的临界值为 $F_{进}$，剔除变量的 F 检验的临界值为 $F_{出}$，一般 $F_{进} \geqslant F_{出}$，它的确定原则一般是：对 p 个自变量的 n 组样品数据，估计可能进入回归方程的变量为 m 个 $(m \leqslant p)$，则显著性水平 α，确定 F 值，记为 F^*，$F_{进} = F_{出} = F^*$。一般来说，也可以直接取 $F_{进} = F_{出} = 3.84$ 或 2.71。当然，为了回归方程中还能多进入一些自变量，甚至也可以取值为 2.0 或 2.5。

1. 向前引入法（forward）

首先对全部 p 个自变量，分别对因变量 y 建立一元回归方程，并分别计算这 p 个一元回归方程的 p 个回归系数的 F 检验值，记为 $\{F_1^1, F_2^1, \cdots, F_p^1\}$，选其最大的记为 $F_j^1 = \max\{F_1^1, F_2^1, \cdots, F_p^1\}$。若有 $F_j^1 \geqslant F_{进}$，则首先将 x_j 引入回归方程，不失一般性，然

后设 x_j 为 x_1。接着考虑将 (x_1, x_2)，(x_1, x_3)，$\cdots$，(x_1, x_p) 分别与因变量建立二元回归方程，对这 $p-1$ 个回归方程中的回归系数进行 F 检验，计算得到的 F 值，记为 F_2^2，$F_3^2, \cdots, F_p^2$，选其最大的记为 $F_k^2 = \max\{F_2^2, F_3^2, \cdots, F_p^2\}$。若有 $F_k^2 \geq F_{进}$，则将 x_k 引入回归方程，不失一般性，然后设 x_k 为 x_2。

对已经引入回归方程的变量 x_1 和 x_2，用前面的方法做下去，直到所有违背引入方程的变量的 F 值均小于 $F_{进}$ 为止。这时的回归方程就是最终选定的回归方程。换言之，向前引入法即从一个变量开始，每次引入一个对 y 影响显著的变量，直到无法引入为止。这种方法的要点是从一个变量开始，将回归变量逐个引入回归方程，先计算 y 同各个变量的相关系数，对于相关系数绝对值最大的变量，对其作显著性检验，如果显著就引入方程。这种方法只是对变量引入的把关，变量引入之后，无论其以后是否会变成不显著，概不剔除。

显然，这种增加法有一定的缺点，主要是它不能反映变量后来的变化情况。因为对于某个自变量，它可能开始时是显著的，当将其引入回归方程以后，随着其他自变量的引入，它可能就变为不显著的了，且并没有将其及时从回归方程中剔除。也就是说，向前引入法只考虑引入而不考虑剔除。

2. 向后剔除法（backward）

与向前引入法相反，向后剔除法是首先建立全部自变量 $x_1, x_2, \cdots, x_p$ 对因变量 y 的回归方程，然后对 p 个回归系数进行 F 检验，记求得的 F 值为 $\{F_1^1, F_2^1, \cdots, F_p^1\}$，选取最小值，记为 $F_j^1 = \min\{F_1^1, F_2^1, \cdots, F_p^1\}$，若 $F_j^1 \leq F_{出}$，则可以考虑将自变量 x_j 从回归方程中剔除，不妨设为 x_j 就取为 x_1。继续对剩下的变量不断剔除，直至在回归方程中的变量的 F 均大于 $F_{出}$，即没有变量可以剔除为止，这时的回归方程就是最终的回归方程。

总之，向后剔除法即从包含全部 p 个变量的回归方程中，每次剔除一个对 y 影响不显著的变量，直到无法剔除为止。许多文献观点都认为这种方法在变量和不显著变量不多时可以采用。而当变量较多特别是不显著变量很多时，由于每剔除一个因子后就得重新计算回归系数，计算工作量相当大。

这种剔除法有一个明显的缺点，就是一开始将全部自变量都引入回归方程，会使得计算量比较大。若一开始就不引入一些不重要变量，便可以减少一些计算量。

3. 逐步筛选法（stepwise）

前面的变量引入法只考虑增加变量，不考虑剔除，也就是对任何一个变量，一旦将其引入回归方程，不管其以后在回归方程中的作用发生什么变化（即使变得不显著了），也不考虑将其剔除。反之，变量剔除法只考虑剔除，而不考虑增加。如果自变量 $x_1, x_2, \cdots, x_p$ 是完全独立的，那么利用这两种方法所求得的两个回归模型之间完全没有显著性差异的。然而，在许多实际问题的数据中，自变量 $x_1, x_2, \cdots, x_p$ 之间往往并不是独立的，而是有一定相关性存在。随着回归方程中变量的增加和减少，某些自变量对回归方程的贡献也会发生变化。因此，如果将前两种方法结合起来，也就是对每一个自变量，随着其对回归方程贡献的变化，随时将其引入回归方程或剔除出去，最终的回归模型的特性为：在回归方程中的自变量均为显著的变量，不在回归方程中的自变量均为不显著的变量。

逐步筛选法就是综合上述两种方法的特点而建立的一种新方法，其基本思想是：在所考虑的全部变量中，按其对因变量作用的显著程度大小，挑选一个最重要变量，建立只包含这个变量的回归方程；接着对其他变量计算偏回归平方和，引入一个显著性的变量，建立具有两个变量的回归方程；此后，逐步回归的每一步（引入一个变量或从回归方程中剔除一个变量都算作一步）前后都要作显著性检验。要反复进行两个步骤：第一，对已在回归方程中的变量作显著性检验，使得显著者保留，最不显著者剔除；第二，对不在回归方程中的其余变量，挑选最重要的那一个进入回归方程，直至最后回归方程中再也不能剔除任一变量，同时也不能再引入任何变量为止，保证最后所得的回归方程中所有变量都为显著变量。当整个模型满足线性回归的基本假定时，这种方法和所谓"全部回归子集"的方法效果较好。

（四）模型构建

glm（）函数是广义线性模型函数，其比较重要的参数为 glm（formula, family = gaussian, data, …）。其中 formula 为公式，即要拟合的模型，family 为分布族，包括正态分布（gaussian）、二项分布（binomial）、泊松分布（poisson）和伽马分布（gamma），分布族还可以通过选项 link＝来制定使用的连接函数，data 为可选择的数据框。

本项目的目的是在众多的变量中筛选出对冠心病风险影响较大的变量，因此在构建模型的过程中，选择逐步回归的方式筛选变量。

```
> #数据集去除

> f4<-na.omit(rdata)

> #创建 logistic 回归模型

> logit.glm<-glm(TenYearCHD～.,family＝binomial,data ＝ f4)

> #查看模型结果

> summary(logit.glm)
```

```
Call:
glm(formula = TenYearCHD ~ ., family = binomial, data = f4)

Deviance Residuals:
    Min      1Q    Median      3Q      Max
-1.4009  -0.6141  -0.4506  -0.3001   2.7597

Coefficients:
                 Estimate Std. Error z value Pr(>|z|)
(Intercept)     -7.727530   0.989650  -7.808 5.79e-15 ***
male             0.622180   0.151108   4.117 3.83e-05 ***
age              0.056540   0.008970   6.304 2.91e-10 ***
education       -0.111758   0.068630  -1.628 0.103439
currentSmoker   -0.060683   0.216169  -0.281 0.778925
cigsPerDay       0.016100   0.008632   1.865 0.062167 .
BPMeds           0.082876   0.332870   0.249 0.803382
prevalentStroke  0.682136   0.632847   1.078 0.281085
prevalentHyp     0.150470   0.186510   0.807 0.419800
diabetes        -0.419949   0.463313  -0.906 0.364721
totChol          0.001625   0.001566   1.038 0.299372
sysBP            0.019471   0.005110   3.811 0.000139 ***
diaBP           -0.015676   0.008979  -1.746 0.080852 .
BMI              0.009377   0.017754   0.528 0.597401
heartRate        0.002180   0.005728   0.381 0.703554
glucose          0.009009   0.003115   2.892 0.003828 **
---
Signif. codes:  0 '***' 0.001 '**' 0.01 '*' 0.05 '.' 0.1 ' ' 1

(Dispersion parameter for binomial family taken to be 1)

    Null deviance: 1636.4  on 1839  degrees of freedom
Residual deviance: 1456.4  on 1824  degrees of freedom
AIC: 1488.4

Number of Fisher Scoring iterations: 5
```

将初步模型带入公式 $P = \dfrac{\exp(X\beta)}{1+\exp(X\beta)}$，将（Intercept）的 Estimate 列的值加上每一行的变量乘 Estimate 列的值，得到：

$X\beta = -7.727530 + 0.622180 * \text{male} + 0.056540 * \text{age} - 0.111758 * \text{education} - 0.016100 * \text{cigsPerDay} + 0.082876 * \text{BPMeds} + 0.682136 * \text{prevalentStroke} + 0.150470 * \text{prevalentHyp} - 0.419949 * \text{diabetes} + 0.001625 * \text{totChol} + 0.019471 * \text{sysBP} - 0.015676 * \text{diaBP} + 0.009377 * \text{BMI} + 0.002180 * \text{heartrate} + 0.009009 * \text{glucose}$

在这个过程中，将冠心病风险设置为因变量，其他变量为自变量，可以看出，显著性较强的变量有 male、age 和 totChol。但如之前所描述的，这可能会存在变量间的相互影响。使用逐步筛选法进行变量选择：

```
> #逐步筛选法选择变量
> logit.step<-step(logit.glm,direction = "both")
> #查看模型结果
> summary(logit.step)
```

```
call:
glm(formula = TenYearCHD ~ male + age + education + cigsPerDay + sySBP + diaBP +
glucose , family = binomial , data = f4)


Deviance Residuals:


    Min       1Q     Median      3Q       Max
  -1.4182  -0.6146   -0.4541   -0.3073   2.7154
coefficients:
                Estimate    std.Error    z value    Pr(> |z |)
(Intercept)    -7.355214    0.672117    -10.943     < 2e-16    ***
male            0.592071    0.147068      4.030     5.58e-05   ***
age             0.058233    0.008807      6.612     3.79e-11   ***
```

education	-0.112221	0.067808	-1.655	0.097931	.
cigsPerDay	0.014440	0.005776	2.500	0.012426	*
sysBP	0.022095	0.004689	4.712	2.45e-06	***
diaBp	-0.013546	o.008709	-1.555	0.119856	
glucose	0.007345	0.002172	3.382	0.000721	***

```
---
signif. codes:  0 '***' 0.001 '**' 0.01 '*' 0.05 '.' 0.1 ' ' 1
(Dispersion parameter for binomial family taken to be 1)


    Null devi ance: 1636.4 on 1839 degrees of freedom
Residual deviance: 1461.3 on 1832 degrees of freedom
AIC: 1477.3


Number of Fisher scoring iterations : 5
```

可以看到，相比于之前的模型，使用了逐步回归法之后，原来的 15 个变量降低到了 7 个变量。从相关系数较高的变量中进行筛选，排除未通过 $\alpha = 0.05$ 检验的变量后，得到相关性因素的变量为 male、age、cigsPerDay、sysBP、glucose。

（五）分布式模型构建与存取

在对采样数据进行了一系列的数据分析后，对于得到的模型，并不能够完全代表全体样本的数据，因此需要使用 SparkR 本身的回归模型方法，将全量数据导入模型中进行模型分析：

```
> #去除原始数据集中的空集

> framingham2 = na.omit(framingham)

> #对原始数据集进行 logistic 回归建模

> model<-spark.logit(framingham2,TenYearCHD ~male+age+cigsPerDay+sysBP+glucose)

> summary(model)
```

```
$coefficients
                Estimate
(Int ercept)    -8.703971011
male            0.531052242
age             0.067295976
CigsPer Day     0.019518082
sysBP           0.017993861
glucose         0.007301902
```

得到的模型可以保存到 hdfs 之上，当需要使用模型的时候，可以再进行模型调用：

```
> #创建路径
> path<-"/sparkML/model"
> #保存回归模型
> write.ml(model,path)
```

当再次读取的时候，可使用 read. ml( )函数读取模型：

```
> #读取模型
> savedModel<-read.ml(path)
> #查看模型
> summary(savedModel)
```

```
$coefficients
                Estimate
(Int ercept)    -8.703971011
male            0.531052242
age             0.067295976
CigsPer Day     0.019518082
sysBP           0.017993861
glucose         0.007301902
```

得到的模型结果可以转换为 R 语言可识别的数据框，进而通过模型计算各个因素对于最终患病结果的概率影响：

```
> #将模型结果转换格式
> p = unlist(summary(model))
> names(p) = c("(Intercept)","male","age","cigsPerDay","sysBP","glucose")
> # 计算概率
> exp(p)
```

(Intercept)	male	age	cigsPerDay	sysBP	glucose
0.0001659256	1.7007209370	1.0696120110	1.0197098056	1.0181567263	1.0073286255

结果表明：在其他因素不变的情况下，男性（male = 1）患病的概率相比于女性（male = 0）为 1.7007；就百分比变化而言，男性比女性患病的概率高 70.07%；随着年龄的增长，每增加一年，患病的概率将增加 6.96%；每天多抽一支烟，患病概率将增加 1.97%；收缩压每增加一单位，患病概率将增加 1.82%；血糖每增加一单位，患病概率将增加 0.73%。

从分析结果可以得到结论：在消除低于检验水平 $\alpha = 0.05$ 的变量之后，得到了对于患病风险有关的 5 个较为重要的因素：男性相比于女性更加容易患有心脏病；随着年龄的增长，患病的风险也会逐渐提高；吸烟数量对于患病概率有一定的影响；收缩压与舒张压呈现正向线性关系，因此收缩压与舒张压的升高都有可能导致患病的风险增加；血糖对于患病的风险影响较小。

对于降低患病风险的建议为：男性需要比女性更加注重心脏健康，建议定期进行心血管相关的体检，同时建议少抽烟、多运动，这样能够降低患冠心病的风险。平时的饮食应适当控制糖分的摄入，避免高血压、高血糖的情况发生。

第四节 数据分析报告

得到分析结果及模型之后，还需要对所作的分析进行描述，使分析结果能够被非专业人士理解。数据分析报告的写法也有一定的技巧。

数据分析的最后一步就是撰写分析报告。数据分析报告是对整个数据分析过程的一个总结与呈现，通过报告可以把数据分析的起因、过程、结果及建议完整地呈现出来。

一、分析报告的作用

数据分析报告实质上是一种沟通与交流的形式，主要目的在于将分析结果、可行性建议以及其他有价值的信息传递给管理人员。它需要对数据进行适当的包装，让阅读者能对结果做出正确的理解与判断，并做出有针对性、战略性、操作性的决策。

数据分析报告主要有三个方面的作用：展示分析结果、验证分析质量，以及为决策者提供参考依据。

（一）展示分析结果

报告以某一种特定的形式将数据分析结果清晰地展示给决策者，使得他们能够迅速理解、分析、研究问题的基本情况、结论与建议等内容。

（二）验证分析质量

从某种角度上来讲，分析报告是对整个数据分析项目的一个总结。通过报告中对数据分析方法的描述、对数据结果的处理与分析等几个方面来检验数据分析的质量，并且让决策者能够感受到数据分析过程是科学且严谨的。

（三）为决策者提供参考依据

大部分的数据分析报告都具有时效性，因此所得到的结论与建议可以作为决策者的一个重要参考依据。虽然大部分决策者（尤其是高层管理人员）没有时间去通篇阅读分析报告，但是在决策过程中，报告的结论与建议或其他相关章节将会被重点阅读，并根据结果辅助其最终决策。所以，分析报告是决策者二手数据的重要来源之一。

二、分析报告的写作原则

一份完整的数据分析报告应当围绕目标确定范围，遵循一定的前提和原则，系统地反映存在的问题及原因，从而帮助进一步帮助找出解决问题的方法。需要遵循以下四个原则。

（一）规范性

数据分析报告中所使用的名词术语一定要规范，并且前后一致。要与业内公认的术语一致，术语可参考国家相关标准。

（二）重要性

数据分析报告一定要体现数据分析的重点，在各项数据分析中应该重点选取关键指标，专业合理地对其进行分析。此外，针对同一类问题，其分析结果也应当按照问题的重要程度来分级阐述。

（三）严谨性

数据分析报告的编制过程一定要严谨，基础数据必须真实、完整，分析过程必须科学、合理，分析结果要可靠，内容要实事求是。

（四）创新性

当今科学技术的发展迅猛，许多科学家也都提出许多新的研究模型或者分析方法。数据分析报告需要适时地引入这些内容，一方面可以用实际结果来验证或改进这些内容，另一方面也可以让更多的人认识到创新的科研成果。

三、分析报告的结构

数据分析报告确实有特定的结构，但是这种结构并非一成不变，根据不同的数据分析师、管理者、客户、数据分析性质，其最后的报告可能会有不同的结构。最经典的报告结构还是"总—分—总"结构，它主要包括开篇、正文和结尾三大部分。

在数据分析报告结构中，"总—分—总"结构的开篇部分包括标题页、目录和前言（主要包括分析背景、目的与分析思路）；正文部分主要包含具体分析过程与结果；结尾部分包含结论、建议及附录。下面将对这几个部分进行具体介绍。

（一）标题页

标题页需要写明报告的题目，题目要精简干练，根据版面的要求在一两行内完成。标题是一种语言艺术，好的标题不仅可以表现数据分析的主题，而且能够激发读者的阅读兴趣，因此需要重视标题的制作，以增强其艺术性的表现力。标题常用的类型如下。

1. 解释基本观点

往往用观点句来表示，点明数据分析报告的基本观点，如"不可忽视高价值客户的保有""语音业务是公司发展的重要支柱"等。

2. 概括主要内容

重在叙述数据反映的基本事实，概括分析报告的主要内容，让读者能抓住全文的中心，如"我公司销售额比去年增长 30%""2010 年公司业务运营情况良好"等。

3. 交代分析主题

反映分析的对象、范围、时间、内容等情况，并不点明分析师的看法和主张，如"发展公司业务的途径""2010 年运营分析""2010 年部门业务对比分析"等。

4. 提出问题

以设问的方式提出报告所要分析的问题，引起读者的注意和思考，如"客户流失到哪里去了""公司收入下降的关键何在""1 500 万利润是怎样获得的"。

而在编写标题时，标题的制作要求如下。

1. 直接

数据分析报告是一种应用性较强的文体，它直接用来为决策者的决策和管理服务，所以标题必须直截了当、开门见山地表达基本观点，让读者一看标题就能明白数据分析报告的基本精神，加快对报告内容的理解。

2. 确切

标题的撰写要做到文题相符、范围适度，恰如其分地表现分析报告的内容和分析对象的特点。

3. 简洁

标题要直接反映出数据分析报告的主要内容和基本精神，必须具有高度的概括性，用较少的文字集中、准确、简洁地进行表述。

标题的撰写除了要符合直接、确切、简洁三点基本要求，还应力求新鲜活泼、独具特色、具有艺术性。要使标题具有艺术性，就要抓住对象的特征展开联想，适当运用修辞手法给予突出和强调，如"我的市场我做主""我和客户有个约会"等。有时，报告的作者也要在题目下方出现，或者在报告中要给出所在部门、团队的名称，为了将来方便参考和沟通交流，完成报告的日期也应当注明，这样能够体现出报告的时效性。

（二）目录

目录可以帮助读者快捷方便地找到所需的内容，因此，要在目录中列出报告主要章节的名称。如果是在 Word 中撰写报告，在章节名称后面还要加上对应的页码。对于比较重要的二级目录，也可以将其列出来。目录相当于数据分析大纲，它可以体现出报告的分析思路。但是目录也不要太过详细，因为这样阅读起来让人觉得冗长并且耗时。

此外，公司或企业的高层管理人员通常没有时间阅读完整的报告，他们仅对其中一些以图表展示的分析结论会有兴趣，因此，当书面报告中没有大量图表时，可以考虑将各章图表单独制作成目录，以便日后更有效地使用。

（三）前言

前言的写作一定要经过深思熟虑：前言内容是否正确？最终报告是否能解决业务问题？是否能够给决策者的决策提供有效依据？因为前言是分析报告的一个重要组成部分，主要包括分析背景、目的及思路三方面。需要在前言提出以下问题：为何要开展此次分析？有何意义？通过此次分析要解决什么问题？达到何种目的？如何开展此次分析？主要通过哪几方面开展？

1. 分析背景

对数据分析背景进行说明主要是为了让报告阅读者对整个分析研究的背景有所了解，主要阐述此项分析的主要原因、分析的意义以及其他相关信息，如行业发展现状等。

2. 分析目的

数据分析报告中陈述分析目的是让报告的阅读者快速知道开展此次分析能带来哪些效果，以及解决什么问题。有时将研究背景和目的意义合二为一。

3. 分析思路

分析思路是数据分析师完成一个完整的数据分析的过程步骤，确定需要分析的内容或指标。这是分析方法论中的重点，也是很多人常常感到困惑的问题。往往只有在营销、管理理论的指导下，才能确保数据分析的完整性，因此数据分析师需要与营销、管理人员配合沟通，确保分析思路的正确性和合理性。

（四）正文

正文是数据分析报告的关键，它系统而全面地叙述了数据分析的过程与结果。

撰写正文报告时，应根据之前分析思路中确定的每项分析内容，利用各种数据分析方法，一步步地展开分析，并通过图表及文字相结合的方式，形成报告正文，方便阅读者理解。

通过展开论题并对论点进行分析论证，表达报告撰写者的见解和研究成果的核心部分。因此在分析报告中，正文占据了绝大部分的篇幅。一篇报告只有想法和主张是不行的，必须要经过科学严密的论证，才能确认分析结果的观点具有合理性和真实性，并且使别人信服。因此，报告主题部分的论证是极为重要的。

报告正文具有以下特点：是报告最长的主题部分、体现所有数据分析事实和观点、通过数据图表和相关的文字结合分析、正文各部分具有逻辑关系。

可以通过金字塔原理来组织报告逻辑，以明确整个报告的核心论点是什么，由哪些分论点构建，支持各分论点的依据是什么，如图 2-30 所示。

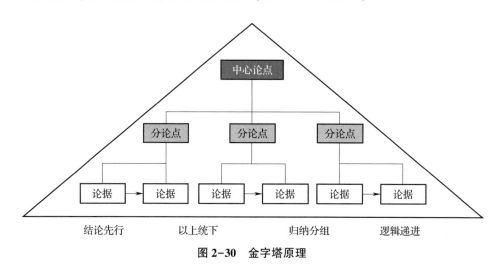

图 2-30　金字塔原理

（五）结论与建议

结论是以数据分析结果为依据得出的分析结果综述。它不是分析结果的简单重复，而是结合公司实际业务，经过综合分析、逻辑推理形成的总体论点。结论是去粗取精、由表及里而抽象出的共同、本质的规律，它与正文紧密衔接，与前言相呼应，使分析报告首尾呼应。结论应该措辞严谨、准确、鲜明。

建议根据数据分析结论对企业或业务等所面临的问题提出改进方法，主要关注点在保持、强化优势及改进劣势等方面。因为分析人员所给出的建议主要是基于数据分析结果而得到的，必须结合公司的具体业务才能得出切实可行的建议。

（六）附录

附录是数据分析报告的一个重要组成部分。一般来说，附录提供正文中涉及而未予阐述的有关资料，有时也含有正文中提及的资料，从而向报告的读者提供一条深入数据分析报告的途径。它主要包括报告中所涉及的专业名词解释、计算方法、重要原始数据、地图等内容。每个内容都需要编号，以便查询。

当然，并不要求每篇报告都有附录，附录是数据分析报告的补充，并不是必需的，应该根据各自的情况再决定是否需要在报告结尾处添加附录。

思考题

1. 描述性统计分析需要获取到哪些信息？

2. 相关分析与回归分析的区别在哪里？

3. 请阐述不同自变量和因变量类型的数据所对应使用的数据分析方法。

4. 使用 Spark 进行 logistic 回归和使用 R 进行 logistic 回归有什么区别？

5. 向前引入法、向后剔除法、逐步筛选法三者之间有什么区别？

第三章
数据挖掘建模

　　基于计算机技术发展而来的数据挖掘技术正在成为大数据沙滩上的吸金石。数据挖掘是当前大数据领域最火热的话题，而数据挖掘的方法又与机器学习技术有着高度的重叠。现如今，两者已经成为近乎同一的领域。

　　本章以实际工作中使用 Python 语言进行机器学习的项目内容为研究对象，项目主要面向在大数据环境下，使用 PySpark 依赖包，构建数据挖掘模型，实现一系列数据挖掘分析，并对挖掘模型进行优化调整、输出模型，最终完成完整数据挖掘项目。

- **职业功能：** Python 语言编程与数据挖掘建模。
- **工作内容：** Python 语言环境下，使用 PySpark 依赖包，构建数据挖掘模型，挖掘分析数据，调整优化模型参数，输出优化后的挖掘模型。
- **专业能力要求：** 能根据数据应用需求，从不同类型数据系统获取目标数据；能根据应用需求，对数据进行采样及划分样本；能根据分析及挖掘工具格式要求，进行数据格式调整；能对原始数据去除测量误差和数据收集误差；能评估挖掘需求并使用工具对数据进行特征工程处理；能调用常规模型类库进行模型训练；能根据合适评价指标对模型进行验证和调参；能根据合适评价指标对模型进行测试并输出最终模型的性能评估分数。
- **相关知识要求：** 掌握 PySpark 的概念与使用，特征工程常用处理方法，数据预处理方法，特征选择方法；掌握常用挖掘模型构建方法，模型训练方法，有监督学习与无监督学习的概念与区别；掌握模型优化策略，模型质量评估原则与流程，模型调参优化方法。

第一节 机器学习与数据挖掘

一、数据挖掘概述

数据挖掘是从大量数据中发现高价值知识的过程，数据挖掘是一个涉及多领域的交叉学科，包括统计学、机器学习、信息检索、模式识别以及生物学信息等。但是并不需要从业人员在具备这些学科的技术技能之后才开始学习数据挖掘。当前，数据挖掘的方法也随着算法实现方式的简化以及工程应用需求的增多而变得更容易让人们接受。

随着 20 世纪 90 年代以来计算机技术、数据库系统的广泛使用，以及信息化数据的大量涌现，人们对于数据管理的需求从一些简单的数据表格管理，发展到了管理各种由计算机所产生的图形、图像、音频等非结构化数据。随着数据量的增多，数据在直观地呈现信息的同时，也体现出明显的海量信息特征。然而在信息爆炸时代，海量信息给人们带来了许多负面的影响，最主要的问题就是难以提炼有效信息，过多无用的信息必然会造成信息距离和知识的丢失。人们迫切希望对海量数据进行深入分析，发现并提取隐藏在其中的信息，以更好地利用这些数据。但仅仅对数据进行统计和查询却无法发现数据中存在的关系和规则，进而无法根据现有的数据预测未来的发展趋势。人们急需掌握挖掘数据背后隐藏知识的手段，在这样的需求背景下，数据挖掘技术应运而生。

近几年来，数据挖掘引起了信息产业界的大量关注，原因在于企业中所积累的大量信息资产没有得到充分有效的利用。人们迫切需要将这些数据转化为有用的信息和知识，并将这些获取的信息和知识应用于各个领域，包括商务管理、生产控制、市场分析、工程设计和科学探索等。

人们往往把数据挖掘和数据分析搞混，因为在外行看来，数据挖掘与数据分析都是通过一些算法模型对数据进行某种转化之后，得到的数据结果。然而数据分析与数据挖掘之间存在着基本的差异。数据分析是使用适当的统计分析方法对收集来的大量数据进行分析，从中提取有用信息并形成结论的过程。传统的分析模型需要人工构建，要运用人的智力对分析结果进行判断，是探究"因变量（Y）= f（自变量）+扰动因素"的过程。而对于数据挖掘而言，一般指的是从大量的数据中通过算法搜索隐藏于其中信息的过程。其直接通过数据本身的特征去形成模型，并不探究构成模型的各个变量的含义，而只在乎基于数据的特征规律，探究"输出（Y）→输入（X）"的过程。

二、机器学习概述

机器学习本身也是一门多学科交叉的技能领域，其指的是使用计算机作为工具并模拟人类学习的过程，以便高效快速地根据规律解决问题。机器学习本身也是一个不断学习发展的过程，通过不断输入新的数据，使得模型能够越来越精准地发现原始数据的各种可能情况。

机器学习与数据挖掘之间存在着许多共性，这是因为两者在所使用的算法上有着极大相似之处，如图3-1所示。正如在前文中所介绍的，数据挖掘本身并不重视模型中的一系列参数含义，而关注于一个能够基于数据本身规律而构建的模型，这与机器学习中所使用的构成算法类似。因此，在很多企业岗位中，机器学习与数据挖掘本身的界限十分模糊。在大多数情况下，机器学习被视作是数据挖掘的实现手段之一，正如"筷子"与"吃饭"的关系一样，筷子除了吃饭还有许多用途，而吃饭除了可以使用筷子之外还可以使用别的餐具，如果为了区分而进行区分，往往是不明智的。

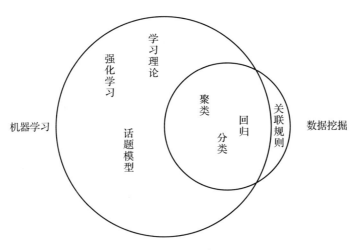

图 3-1　机器学习与数据挖掘的重合

三、数据挖掘的方法

（一）数据挖掘的过程

CRISP-DM（Cross Industry Standard Process For Data Mining，数据挖掘的跨行业标准过程）将一个真实应用中的数据挖掘过程划分为 6 个主要阶段：业务理解、数据理解、数据准备、建模、评估和部署。

1. 业务理解（business understanding）

数据挖掘项目一开始，就必须从商业的角度了解项目的需求和最终目的，并与数据挖掘的定义结合起来。主要工作包括：确定商业目标，发现影响结果的重要因素，从商业角度描绘客户的首要目标，评估运作形式，查找所有资源及局限，在数据分析时考虑到的各种其他因素（包括风险和意外、相关术语、成本和收益等），来确定数据挖掘的目标，制订项目计划。

2. 数据理解（data understanding）

数据理解阶段开始于数据的收集。熟悉数据的工作包括检测数据的量，对数据有初步的理解，探测数据中比较有趣的数据子集，进而形成对潜在信息的假设等。具体做法为：收集原始数据；对数据进行装载、描绘；探索数据特征，进行简单的特征统计；检验数据的质量，包括数据的完整性、正确性、缺失值的填补等。

3. 数据准备（data preparation）

数据准备阶段涵盖了从原始粗糙数据中构建最终数据集（将作为建模工具的分析对象）的全部工作。数据准备工作有可能反复进行，而且其实施的顺序并不是预先规定好的。这一阶段的任务主要包括：制表、记录、数据变量的选择和转换、为适应建模工具而进行的数据清洗等。根据与挖掘目标的相关性、数据质量以及技术限制，选择分析使用的数据，并进一步对数据清理、转换、构造衍生变量、整合，并根据工具的特性格式化数据。

4. 建模（modeling）

在这一阶段，各种各样的建模方法将被加以选择和使用，通过建造、评估模型将其参数校准为最理想的值。比较典型的是对于同一个数据挖掘类型可以有多种方法选择使用。如果有多重技术要使用，那么在这一任务中，对于每个要使用的技术要分别对待。一些建模方法对数据的形式有具体的要求，因此在这一阶段，重新回到数据准备阶段执行某些任务是非常必要的。

5. 评估（evaluation）

在这一阶段中，已经建立了一个或多个高质量的模型。但在进行最终的模型部署之前，要更加彻底地评估模型。回顾在构建模型过程中所执行的每一个步骤，可以确保这些模型是否达到了企业的目标。一个关键的评估指标就是看是否考虑到一些重要的企业问题。

6. 部署（deployment）

部署，即将发现的结果或过程，组织成为可读的文本形式。模型的创建并不是项目的最终目的。尽管建模是为了增加更多有关于数据的信息，但这些信息仍然需要以一种客户经常使用的方式呈现。一个组织处理某些决策的过程中会经常碰到这种情况，如在获取有关网页的实时人数或者营销数据库的重复得分时，需要拥有一个"活"的模型。根据需求的不同，部署阶段可以像写一份报告那样简单，也可以像在企业中进行可重复的数据挖掘程序那样复杂。在许多案例中，往往是客户而不是数据分析师来执行部署阶段。然而，尽管数据分析师不需要处理部署阶段的工作，对于客户而言，预先了解需要执行的活动从而正确使用已构建的模型，也是非常重要的。

(二) 数据挖掘的算法

在了解数据挖掘的过程后，会发现数据挖掘的大部分过程都与构建模型有关，而数据挖掘模型主要包括：分类与回归、聚类、离群点监测、关联规则、序列分析、时间序列分析和文本挖掘。

1. 分类与回归

分类是通过对一些已知类别标号的数据进行分析，从而找到一种可以描述和区分数据类别的模型，然后用这个模型来预测未知类别数据所属的类别。分类模型的形式有很多种，例如：决策树、贝叶斯分类器、KNN 分类器、组合分类算法等。回归则是对数值型的函数进行建模，用以预测某些情况下可能发生某些事件的概率。

2. 聚类

分类和回归都有一个处理训练数据的过程，训练数据的类别标号为已知，而聚类分析则是对未知类别标号的数据进行直接处理。聚类的目标是使聚类内数据的相似性最大，且聚类间数据的相似性最小。每一个聚类可以看成是一个类别，从中可以导出分类的规则。

3. 异常监测或者离群点分析

一个数据集可能包含与数据模型的总体特性不一致的一些数据，它们被称为离群点。离群点可以通过统计测试进行检测，即假设数据集服从于某一个概率分布，然后看某个对象是否在该分布范围之内。也可以使用距离策略，即将那些与任何聚类都相距很远的对象当作离群点。除此之外，基于密度的方法可以检测局部区域内的离群点。

4. 关联规则挖掘和相关性分析

关联规则是隐藏在数据项之间的关联或相互关系，即可以根据一个数据项的出现推导出其他数据项的出现。关联规则的挖掘过程主要包括两个阶段：第一阶段为从海量原始数据中找出所有的高频项目组；第二阶段为从这些高频项目组产生关联规则。关联规则挖掘技术已经被广泛应用于各行各业中，用以提供客户感兴趣的信息来改善自身的营销。

(三) 有监督学习和无监督学习

上述技术在机器学习领域，又可以划分为有监督学习和无监督学习。有监督学习是指模型的训练过程基于每组训练数据有一个明确的标识结果，在建立预测模型的时候，有监督学习需建立一个学习过程，将预测结果与训练数据集的实际结果进行比较，不断调整预测模型，直到模型的预测结果达到一个预期的准确率。而无监督学习是指训练样本的标记信息未知，通过对无标记训练样本的学习来揭示数据的内在性质及规律，为进一步挖掘数据提供基础。有监督学习的算法主要包括：线性回归、逻辑回归、决策树、支持向量机、KNN 等。无监督学习的算法主要包括：密度估计、异常检测、层次聚类、K-Means 算法等。

四、数据挖掘的工具

目前市面上有很多种数据挖掘工具，然而许多挖掘工具本身并不支持分布式的扩展，而仅仅支持传统的单机环境下的分析，如 Sklearn。而在大数据场景下，不少分布式计算框架都提供了支持算法在分布式场景下执行的能力类库，比如 Apache 的 Mahout 和 Spark 的 MLlib、Flink 的 ML。其中 Spark MLlib 在第二章中已经介绍，接下来介绍其他两种比较常见的大数据挖掘工具。

Apache Mahout 起源于 2008 年，其主要目标是构建一个可伸缩的机器学习算法的资源库，它提供了一些经典的机器学习算法，这些算法通过 Hadoop MapReduce 模式实现，但并不局限于 Hadoop 平台。当前 Mahout 已经将其算法实现方式转换为了 Spark 用以作为 Spark MLlib 的补充，旨在帮助开发人员更加方便快捷地创建智能应用程序。目前，Mahout 的项目包括频繁子项挖掘、分类、聚类、推荐引擎。

FlinkML 是 Flink 内部的机器学习工具库，在当下 Flink 的批流混合处理模式逐渐成熟的时候，人们对于使用 Flink 进行机器学习的需求日益增加。当前，FlinkML 还处于发展阶段，其所支持的算法并不是十分丰富，且因 FlinkML 是基于 DataSet API 开发，而 DataSet API 是一个离线批计算的接口，所以 Flink ML 还未发挥出其批流混合的特点。不过随着时间和技术的发展，该工具库也将逐渐成熟。

本章主要通过使用 Python 语言，调用 Spark 的 PySpark 依赖库，使用 Spark MLlib 来构建数据挖掘模型。

第二节　数据挖掘的前期准备

一、项目介绍及工程创建

(一) 项目介绍

本章所涉及的项目为电影推荐项目，该项目旨在实现 movielens 官网（https://movielens.org/）的个性化电影推荐功能，如图 3-2 所示。当前的项目任务为根据网站中所提供的电影数据信息，用以训练推荐模型，并最终实现对不同用户的不同推荐结果。

为实现项目业务所需的效果，需要使用推荐算法。

图 3-2　movielens 官网

(二) 工程创建

在集群环境中，可以使用 Python 的开发工具 Pycharm 进行工程项目开发，并且 Pycharm 工具中也提供了 Terminal 和 Python Console 等工具窗口，以便用户便捷地测试代码，并即时得到反馈。

打开终端并输入 Pycharm，即可打开 Pycharm 软件（如图 3-3 所示）。

图 3-3   新建项目

点击"Create New Project"，创建名为"movielens"的 Python 新工程。在创建后的工作界面左侧右键点击 movielens，选择 New→ Python File，创建名为 MovielensALS 的 Python 文件，如图 3-4 所示。

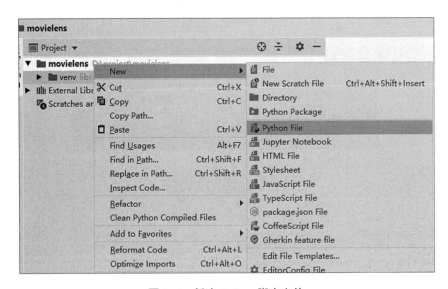

图 3-4   新建 Python 脚本文件

在创建出的 Python 文件界面中，即可输入 Python 脚本进行程序开发，并单击右键运行脚本。也可以同时打开下方的 Python Console 进行编码，并得到实时反馈。

接下来的项目内容将会以 Python 文件的编辑界面为主要编码界面,以 Console 作为执行代码的终端,用来执行每一行在编码界面中写入的代码。

二、数据理解

(一) 数据获取

要使用 Pyspark 框架,需要先引入 Pyspark 的依赖包。因为数据存储于 Hive 中,因此需使用 HiveContext 获取数据:

```
from pyspark.sql import HiveContext, SparkSession
```

接着需要设置 Spark 集群所在的信息,并创建应用名称。Python 中连接 Spark 集群的方式与第二章中的 R 语言的连接方式类似:

```
master = "spark://master:7077"
appName = "Movielens"
spark = SparkSession.builder.master(Master).appName(appName).getOrCreate()
```

访问 Hive 时,还需要创建一个 HiveContext,与 Hive 之间进行通信:

```
hiveContext = HiveContext(spark)
```

可以通过 hiveContext 对象使用 sql( )函数,通过直接输入 sql 的方式获取 Hive 中的数据。本项目中有关的数据表为 movies 表和 ratings 数据表。获取的数据格式为 spark 的 dataframe。与 R 语言中的 data. frame 和 SparkDataFrame 不同,Python、Scala 和 Java 版本的 Spark API 更加倾向于编程开发,因此其在编码风格上会有较大的差异:

```
# 获取 movies 表中的数据
movie_df = hiveContext.sql("select * from analysis2.movies")
# 获取 ratings 表中的数据
ratings_df = hiveContext.sql("select * from analysis2.ratings")
```

从获取到的数据中可以快速观察到数据量、数据格式以及数据的前几行数据。注意，在脚本文件中并不会将数据结果输出到控制台，如果需要输出数据结果，则需要使用 print( ) 方法将输出内容包含在内：

```
# 观察电影数据的数据量
movies_df.count()
```
```
9125
```
```
 # 观察电影数据的前几行数据,用以数据理解
movies_df.head()
```
```
Row(movieId = 1,title = ' Toy Story (1995)', genres = ' Adventure│Animation│Children
│Comedy│Fantasy' )
```
```
# 观察电影数据表的数据格式
movies_df.printSchema()
```
```
root
 │--movieId: integer (nullable = true)
 │--title: string (nullable = true)
 │--genres: string (nullable = true)
```

注意，在 Pyspark 中，若不对 head( ) 函数设置参数，则所显示的行数仅为 1 行；如果要想显示任意行的数据，可以使用 show( ) 函数，并通过指定要显示的数量来展示特定数据，其显示格式也较为直观：

```
# 显示 movies 表中的前 5 行数据
movies_df.show(5)
```
```
+-------+-------------------+--------------------+
|movieId|              title|              genres|
+-------+-------------------+--------------------+
|      1|    Toy Story (1995)|Adventure|Animati...|
|      2|      Jumanji (1995)|Adventure|Childre...|
|      3|Grumpier Old Men ...|       Comedy|Romance|
|      4|Waiting to Exhale...|Comedy|Drama|Romance|
|      5|Father of the Bri...|              Comedy|
+-------+-------------------+--------------------+
only showing top 5 rows
```

可以看到，有一部分数据以省略号的形式呈现，这是因为 show 方法在默认情况下会缩略较长的数据，以保证排版的整洁性，此时可以将 truncate 参数设置为 False，使数据完全显示。因为 truncate 参数是其接收的第二个参数，因此可以直接写成show(n,False)。

```
# 显示 movies 表中的前 5 行数据并且不进行缩略
movies_df.show(5,False)

+-------+-----------------------------+-------------------------------------------+
|movieId|title                        |genres                                     |
+-------+-----------------------------+-------------------------------------------+
|1      |Toy Story (1995)             |Adventure|Animation|Children|Comedy|Fantasy|
|2      |Jumanji (1995)               |Adventure|Children|Fantasy                 |
|3      |Grumpier Old Men (1995)      |Comedy|Romance                             |
|4      |Waiting to Exhale (1995)     |Comedy|Drama|Romance                       |
|5      |Father of the Bride Part II (1995)|Comedy                                |
+-------+-----------------------------+-------------------------------------------+
only showing top 5 rows
```

　　使用这种方法便可以较为直观地观察数据的内容及格式。movies 表中所存储的是电影的详细信息，通过 printSchema( )函数，可以看到该表中有 3 个字段：movieId、title、genres，分别表示电影的编号、电影的名称（包含发行年份）和电影的类型（使用"|"符号进行分割）。

　　使用同样的方法观察 ratings 表：

```
# 查看 ratings 表的数据量
ratings_df.count()

100004

# 查看 ratings 表的格式
ratings_df.printSchema()

root
 |--userId: integer (nullable = true)
 |--movieId: integer (nullable = true)
```

```
│--rating: double (nullable = true)

│--timestamp: integer (nullable = true)

# 查看 ratings 表的前 5 行数据

ratings_df.show(5,False)
```

```
+--------+---------+-------+------------+
| userId | movieId | rating| timestamp  |
+--------+---------+-------+------------+
| 1      | 31      | 2.5   | 1260759144 |
| 1      | 1029    | 3.0   | 1260759179 |
| 1      | 1061    | 3.0   | 1260759182 |
| 1      | 1129    | 2.0   | 1260759185 |
| 1      | 1172    | 4.0   | 1260759205 |
+--------+---------+-------+------------+
```

ratings 表中所存储的数据为用户对电影的评分信息。其中 userId 表示用户的标识符；movieId 表示电影标识符并与 movies 表相对应；rating 表示用户对电影的评分，其取值范围为 0.5~5，间隔为 0.5；timestamp 表示评分的时间。

（二）数据特征工程

特征工程是对原始数据进行一系列工程处理，将其提炼为特征，供算法和模型使用。从本质上来讲，特征工程是一个表示和展现数据的过程。在实际工作中，特征工程旨在去除原始数据中的杂质和冗余，设计更高效的特征，以构建求解的问题与预测模型之间的关系。

在使用算法构建模型时，需要将 user_id 和 item_id 都转换为数值化的数据，这里的 user_id 和 item_id 是为用户推荐商品时的唯一标识码，在后续介绍算法时会详细介绍。因为 ratings 表中的 userId 和 movieId 在 ratings 表中已经是 integer 格式，所以不需要进行格式转化，但是并不能够确定 movies 表中的 movieId 与 title 是绝对唯一对应的，因此可以先查询 movieId 字段和 title 字段去重后的数据量。可以通过调用 select（）方法

获取特定字段的数据,使用 distinct( ) 方法进行数据的去重过滤,再使用 count( ) 方法进行数据统计:

# 查询 movies 表中的 movieId 数量 	
movies_df.select("movieId").distinct().count()

9125

# 查询 movies 表中的 title 数量 	
movies_df.select("title").distinct().count()

9123

可以发现,电影的 id 与电影的名称并不互相对应,因为数据本身并不一定是可靠的,有时候往往存在误录的情况,因此需要构造一个新的电影 id 字段,使之与电影名称形成新的映射关系。

Pyspark 库中提供了 StringIndexer 方法,用以转换 String 类型标签为唯一值的索引,索引的范围从 0 开始。该过程可以使得相应的特征索引化,使得某些无法接收类别特征的算法得以使用,也可以通过该方法将所有的标签进行唯一化处理。还可以通过 IndexToString 方法,将唯一值索引还原为相应的标签:

```python
# 引入 StringIndex
from pyspark.ml.feature import StringIndexer
# 构造一个新列,来对电影名称进行唯一映射
stringIndex = StringIndexer(inputCol = "title",outputCol = "title_new")
# 创建进行拟合的模型
movie_model = stringIndex.fit(movies_df)
# 使用该模型进行数据处理,并输出结果数据集
indexed = movie_model.transform(movies_df)
# 查看结果数据集
indexed.show(5,False)
```

```
+-------+--------------------------------+-------------------------------------------+---------+
|movieId|title                           |genres                                     |title_new|
+-------+--------------------------------+-------------------------------------------+---------+
|1      |Toy Story (1995)                |Adventure|Animation|Children|Comedy|Fantasy|108.0    |
|2      |Jumanji (1995)                  |Adventure|Children|Fantasy                 |6666.0   |
|3      |Grumpier Old Men (1995)         |Comedy|Romance                             |5093.0   |
|4      |Waiting to Exhale (1995)        |Comedy|Drama|Romance                       |6086.0   |
|5      |Father of the Bride Part II (1995)|Comedy                                   |1498.0   |
+-------+--------------------------------+-------------------------------------------+---------+
```

从返回结果中可以看到，新建的名为"title_new"的列，其值为数字。

通过查看新建的映射列的数据量，可以看到，新的映射数与电影标题的数量一致。

```
# 查询映射数量
indexed.select("title_new").distinct().count()
```

```
9123
```

通过关联获取的新数据集结果与 ratings 表中的数据，替换原 ratings 表中的 movieId 字段。数据关联可使用 join( ) 方法，通过传入需关联的数据集、关联字段以及关联方式进行关联匹配。

```
# 两表进行关联操作
all_df = ratings_df.join(indexed,["movieId"],"left")
# 查看关联后的数据集
all_df.show(10,False)
```

```
+-------+------+------+----------+---------------------------------------------+------------------------------+---------+
|movieId|userId|rating|timestamp |title                                        |genres                        |title_new|
+-------+------+------+----------+---------------------------------------------+------------------------------+---------+
|31     |1     |2.5   |1260759144|Dangerous Minds (1995)                       |Drama                         |7656.0   |
|1029   |1     |3.0   |1260759179|Dumbo (1941)                                 |Animation|Children|Drama|Musical|7075.0 |
|1061   |1     |3.0   |1260759182|Sleepers (1996)                              |Thriller                      |8998.0   |
|1129   |1     |2.0   |1260759185|Escape from New York (1981)                  |Action|Adventure|Sci-Fi|Thriller|6379.0 |
|1172   |1     |4.0   |1260759205|Cinema Paradiso (Nuovo cinema Paradiso) (1989)|Drama                        |7520.0   |
|1263   |1     |2.0   |1260759151|Deer Hunter, The (1978)                      |Drama|War                     |692.0    |
|1287   |1     |2.0   |1260759187|Ben-Hur (1959)                               |Action|Adventure|Drama        |8353.0   |
|1293   |1     |2.0   |1260759148|Gandhi (1982)                                |Drama                         |2131.0   |
|1339   |1     |3.5   |1260759125|Dracula (Bram Stoker's Dracula) (1992)       |Fantasy|Horror|Romance|Thriller|1161.0 |
|1343   |1     |2.0   |1260759131|Cape Fear (1991)                             |Thriller                      |3366.0   |
+-------+------+------+----------+---------------------------------------------+------------------------------+---------+
```

（三）探索性分析

将两个表中的数据集整合为宽表之后，可以对该宽表进行探索性分析。通过了解各项数据的数量情况，来进行下一步操作：

```
# 计算电影评分条数
numRatings = all_df.count()
# 计算评分用户个数
numUsers = all_df.select("userId").distinct().count()
# 计算被评的电影数量
numMovies = all_df.select("title_new").distinct().count()
# 输出结果
print("Got %d ratings from %d users on %d movies" %(numRatings , numUsers ,
numMovies))

Got 100004 ratings from 671 users on 9064 movies
```

从数据结果中可以观察到，该数据集的总数量为 100 004 条，其中有 671 个用户对 9 064 部电影进行了评分。

（四）数据集划分

通过探索式分析了解到该数据集较大，在计算过程中可能需要多次对数据进行读取，因此可以将数据加载到缓存中，便于减少 I/O 资源的消耗。

在 Pyspark 中，可以使用 repartition（）函数和指定分区数量的方式设置数据缓存，以加快计算速度。

ALS 推荐算法模型属于有监督模型，因此在构建数据模型的过程中，除了需要进行模型训练的数据集之外，还需要用于校验的数据集。一般而言，对于有监督模型，只需训练数据集与校验数据集，若是要判断模型对新数据的拟合效果，可以再划分出一个测试数据集，用以测试模型的拟合程度。

可以使用 timestamp 字段，用数据集数值取模的方法，对其进行较呈比例的划分：60% 的数据用于训练；20% 的数据用于校验已构建的模型质量，同时调整参数，提高模型的准确率；剩余 20% 用于测试最终模型的效果。如下：

```
# 该数据在计算过程中要多次应用到,所以 cache 到内存
numPartitions = 4
```

```
# 将样本评分表以 timestamp 字段为划分依据,分为 60% 用于训练,20% 用于校
验,20% 用于测试。
from pyspark.sql.functions import col, lit
# 创建训练数据集
training = all_df.where(col(' timestamp' ) % 100<60).repartition(numPartitions).cache()
# 创建校验数据集
validation = all_df.where((col(' timestamp' ) % 100 > = 60) & (col(' timestamp' ) %  100<
80)).repartition(numPartitions).cache()
# 创建测试数据集
test = all_df.where(col(' timestamp' ) %  100 > = 80 ).repartition(numPartitions).cache()
# 样本数据集的数量
print(training.count(),validation.count(),test.count())
```

59966 19816 20222

从数据集的数量上看，划分后数据集分布较为平均。

第三节　模型构建

一、推荐系统算法概述

推荐系统（Recommender System, RS）主要用于将合适的内容或产品以个性化方式
推荐给合适的用户，以便增强整体体验。推荐系统有助于用户在数百万款产品或海量
内容（文本/视频/电影）中检索，并且向用户展示他们可能会喜欢或购买的合适产

品/信息。简单来说，RS 会帮助用户探索信息。推荐之后，就需要依靠用户来判定 RS 的推荐是否准确，用户可以选择是否选用推荐的产品/内容，或者直接忽略推荐，并且继续检索。用户的每一个（正面或负面）反馈都有助于基于最新数据重新训练 RS，以便能够提供更好的推荐信息。

推荐系统可用于多种场景，如零售商品、工作、联系人/好友、电影/音乐/视频/书籍/文章、广告等。

"推荐什么内容"完全取决于 RS 用以训练的数据，可以帮助企业通过提供用户最可能购买的商品来提高收益，或者通过在恰当时间展示相关内容来提升业务达成率。一个高效的 RS 推荐的产品或内容应该是用户可能喜欢却没有意识到的一些东西。同时，RS 还需要一个包含各种不同推荐的元素，以便让推荐足够吸引人。

从企业角度看，这些推荐的影响力被证明是巨大的，企业也愿意花费更多的时间来让这些 RS 变得更为有效且更具相关性。RS 主要有五种类型：基于流行度的 RS、基于内容的 RS、基于协同过滤的 RS、混合 RS、基于关联规则挖掘的 RS。

（一）基于流行度的 RS

这是最基础、最简单的 RS，可用于向用户推荐产品/内容。这类 RS 基于大多数用户的购买/浏览/收藏/下载行为来推荐产品/内容，通俗来讲，就是一些应用或网站中的热门搜索显示或者排行榜。尽管基于流行度的 RS 有时候表现要好于一些更复杂的 RS，并且更容易实现，但这类 RS 并不会生成具有相关性的结果，因为其推荐的内容对于每个用户来说都是相同的。实现这类 RS 的方式就是基于各种参数对条目直接进行排序，并且推荐列表中排名靠前的条目。可以按照以下参数对条目或内容进行排序：

- 下载次数
- 购买次数
- 浏览次数
- 评分排名
- 分享次数
- 收藏次数

这类 RS 会向客户直接推荐最畅销的或浏览/购买次数最多的产品，因此可以提升顾客的转换概率。这类 RS 的局限之处就在于，它们并非高度个性化。

（二）基于内容的 RS

这类 RS 基于用户过去的喜好推荐产品信息。因此，基于内容的 RS 的整体理念，就是计算任意两个条目之间的相似度，并且基于用户的喜好向用户进行推荐。首先，要为每个条目创建资料。可以用多种方式创建这些资料，不过最常见的方法就是囊括与条目详细资料或属性有关的信息。例如，一部电影的资料可能具有关于各种属性的权重值，例如惊悚、艺术、喜剧、动作、戏剧和商业电影。当有用户在观看了若干这样的电影之后，并对这些电影表现出了喜欢，那么就可以计算每个属性值的平均值，或者是标准值、加权值等，进而分析出该用户的特点。其次，便是基于用户之前的喜好，推荐用户可能喜欢的电影，将用户未观看过的电影的各属性值与用户的画像信息进行相似度计算。相似度评分越高，用户喜欢某部电影的概率就越大。计算相似度的方法较多，如欧氏距离法（Euclidean Metric）、马氏距离法（Mahalanobis Distance）、余弦相似度法（Cosine Similarity）等，接着使用判别分析来判断推荐的电影是否属于用户喜欢的范畴。

基于内容的 RS 存在着如下的优缺点。

优点：基于内容的 RS 的运行机制与其他用户的数据无关，因此可以被应用于用户个体的历史数据；容易理解 RS 背后的基本原理，因为是基于用户画像和条目资料之间的相似度评分来进行推荐的；可以直接基于用户的历史兴趣数据和喜好向用户推荐新的条目。

缺点：条目资料可能会有失偏颇，并且可能无法反映准确的属性值；推荐完全依赖于用户的历史数据，并且推荐的条目会类似于用户浏览/收藏过的条目，不会顾及用户新的兴趣或收藏；当用户数据中的兴趣数据较少的时候，可能会因为数据不够导致推荐的结果不正确。

（三）基于协同过滤的 RS

基于协同过滤（Collaborative Filtering，CF）的 RS 在进行推荐时无须展示条目属性或描述。这些交互可以用各种方式进行衡量，例如评分、购买、耗时、分享等。CF 的理念源于人们在日常生活中的决策方式，当人对某些问题不知道该如何做出选择时，将会向拥有相似经验或相同偏好的好友询问经验。因为好友之间兴趣偏好是相似的，因此好友的推荐通常也能够让对方感兴趣。

协同过滤在评判的方式上可以划分为显性反馈和隐性反馈。显性反馈是指用户明确表示对物品喜好的行为，例如通过评分或者点赞/点踩等行为；而隐性反馈则不能够明确反映用户喜好的行为，如收藏、分享、阅读、浏览、观看等，此时可根据不同的权重值进行判断喜好程度。

协同过滤算法由可以细分为：基于用户（User-based）的 CF、基于物品（Item-based）的 CF 和基于模型（Model-based）的 CF。

1. 基于用户的协同过滤算法

基于用户的协同过滤算法的核心思想：当用户 A 需要个性化推荐时，可以先找到与他有相似兴趣的其他用户，然后把那些用户喜欢的、而用户 A 没听过的物品推荐给 A，如图 3-5 所示。

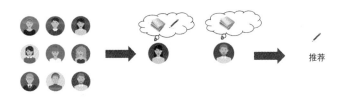

图 3-5 基于用户的协同过滤算法

该算法的步骤分为两步：第一步，找到和目标用户兴趣相似的用户集合，通过判断两个用户之间是否有较为相似的行为来划分；第二步，找到这个集合中用户喜欢的、目标用户没有听说过的物品推荐给目标用户。

2. 基于物品的协同过滤算法

基于物品的协同过滤算法的核心思想：给用户推荐那些和他们之前喜欢的物品相似的物品，如图 3-6 所示。

该算法的步骤分为两步：计算物品之间的相似度，通过判断两个不同的物品被用户喜好的程度来判定两个物品之间的相似度；根据物品的相似度和用户的历史行为生成用户推荐列表。

拥有 推荐

图 3-6　基于物品的协同过滤算法

3. 基于模型的协同过滤算法

以基于用户和物品的协同过滤统称为以记忆为基础（Memory based）的协同过滤技术，他们共有的缺点是数据稀疏、难以处理大量数据，以至于影响了结果的即时性。因此，后期发展出了以模型为基础的协同过滤技术，该技术的原理是先用历史数据得到一个模型，再用此模型进行预测。

（四）混合推荐系统

混合推荐系统包括来自多种推荐系统的输入，其对向用户进行有意义的推荐而言更具有相关性。无论单独使用哪种 RS 都存在一些限制，但以组合方式运用多种 RS 时就可以突破单个 RS 的限制，从而能够推荐出用户认为更有用且更个性化的条目或信息。推荐以特定方式构建混合 RS，以满足业务需求。

混合 RS 一般有两种做法：一种方法是构建多个单独的 RS，并且在向用户推荐之前合并它们输出的推荐；另一种方法是利用基于内容的 RS 的优势，将其作为基于协同过滤的 RS 的输入，也可以反过来将协同过滤的 RS 作为基于内容的 RS 的输入。

混合 RS 还包括使用其他类型的推荐系统，例如基于人口统计信息的推荐系统和基于知识的推荐系统，以便增强推荐效果。

（五）基于关联规则的 RS

关联规则（Association Rule）挖掘是在大量数据挖掘中挖掘出数据项之间的关联关系，通过分析哪些数据项频繁一起出现，可以得到一起频繁出现的数据项的集合。最典型的关联关系就是啤酒与纸尿布的故事。关联规则挖掘在很多其他领域中被广泛应用，而关联规则挖掘算法中，最著名的便是 Apriori 算法。

二、构建模型

在本项目中,可以通过使用 Spark ml 库中的 ALS 算法进行协同过滤挖掘。ALS 算法(Alternating Least Squares Matrix Factorization)即交替最小二乘法,是统计分析中最常用的逼近计算的一种算法,其交替计算结果可使最终结果尽可能地逼近真实结果。而 ALS 算法的基础是 LS 算法(least square,最小二乘法),LS 算法是一种常用的机器学习算法,它通过最小化误差平方和寻找数据的最佳函数匹配。利用 LS 算法可以方便地求得未知的数据,并使得这些求得的数据与实际数据之间的平方和值为最小。

从协同过滤的分类来说,ALS 算法属于 User-Item CF,也就是混合 CF,它同时考虑了 User 和 Item 两个方面。因此,在使用 ALS 构造推荐系统的时候,适用面更广。

可以通过导入 ALS 的依赖包,用 ALS()方法构建模型。Spark 中存在着两个子库,分别是 mllib 库和 ml 库,使用这两个库,可以把实际的机器学习以简单、可伸缩并且无缝的方式与 Spark 整合起来。目前常用的机器学习功能两个库都能够满足需求,并且 Spark 官方更加推荐使用 ml 库。因为在 Spark3.0 之后,将会废弃 MLlib 库,全面使用 ml 库。这是因为 ml 库操作的对象是 DataFrame,其比 MLlib 库操作的对象 RDD 操作起来更加方便,所以也建议刚接触 Spark 或者在以往大量项目中以 DataFrame 为操作对象的工程人员直接使用 ml 库。由于两者所操作对象不同,相比于 MLlib 库,ml 库在 DataFrame 上的抽象级别更高,数据和操作耦合度更低。MLlib 库在 Spark2.0 之后进入维护状态,这个状态通常只支持修复漏洞而不增加新功能。本节在接下来的内容中会简单演示 MLlib 库中的模型构建方式,剩余部分均以 ml 库为主。

(一)使用 MLlib 库构建模型

在 MLlib 库中构建 ALS 模型的方法如下:

```
# 导入 mllib 库中的 ALS 包
from pyspark.mllib.recommendation import ALS
# 数据格式转化
rdd_data = training.select("userId","title_new","rating").rdd
```

```
# 构建模型，并使用默认参数

model = ALS.train(rdd_data,rank = 10)

# 向 userId 为 50 的用户推荐 10 部电影（基于用户推荐）

model.recommendProducts(50,10)
```

[Rating(user = 50, product = 3507, rating = 6.50417468918222), Rating(user = 50,

product = 6304, rating = 5.687014962027588), Rating(user = 50, product = 7262,

rating = 5.596089823275952), Rating(user = 50, product = 2497, rating = 5.537854607343052),

Rating (user = 50, product = 6461, rating = 5. 491050131926843), Rating (user = 50,

product = 8392,

rating = 5.411353314091993), Rating(user = 50, product = 3522, rating = 5.40776921222693),

Rating(user = 50, product = 1296, rating = 5.392036790658124), Rating(user = 50, product = 1195,

rating = 5.384140918208571), Rating(user = 50, product = 3025, rating = 5.363169186961961)]

```
# 将电影 3507 推荐给 10 个用户（基于物品推荐）

model.recommendUsers(3507,10)
```

[Rating(user = 622, product = 3507, rating = 21.120264976170866), Rating(user = 568,

product = 3507, rating = 15.13560148899172), Rating(user = 348, product = 3507,

rating = 14.939639174614168), Rating(user = 64, product = 3507, rating = 12.77539774672382),

Rating(user = 513, product = 3507, rating = 12.192575690449202), Rating(user = 326,

product = 3507, rating = 11.202324325862367), Rating(user = 225, product = 3507,

rating = 10.337263547513274), Rating(user = 290, product = 3507, rating = 10.144701031024496),

Rating(user = 65, product = 3507, rating = 10.06047768370814), Rating(user = 464,

product = 3507, rating = 9.969893920774823)]

（二）使用 ml 库构建模型

在 ml 库中构建 ALS 模型的方法如下：

```
# 导入 ml 库中的 ALS 包
from pyspark.ml.recommendation import ALS
# 构建模型
model = ALS(userCol = "userId",itemCol = "title_new",ratingCol = "rating",nonnegative =
True,coldStartStrategy = "drop")
# 训练模型
rec_model = model.fit(training)
```

在已构造的默认模型中，参数说明如下：userCol 参数表示的是指定用于训练的数据集中，用以表示用户列的字段名；而 itemCol 参数则表示指定物品列的字段名；ratingCol 参数表示指定评分列的字段名；nonegative 参数表示是否对最小二乘法使用非负约束，设置为 True 就不会在推荐系统中创建负数评分；coldStartStrategy 表示冷启动策略，设置为 drop 则可以防止生成任何 NaN 评分预测。

除此之外，仍可通过按住 Ctrl 键并点击 ALS( ) 方法的方式，跳转到方法的实现方式中查看其参数列表：

```
@ keyword_only
def_ init_(self, rank = 10, maxIter = 10, regParam = 0.1, numUserBlocks = 10,
         numItemBlocks = 10, implicitPrefs = False, alpha = 1.0, userCol = "user",
         itemCol = "item", seed = None, ratingCol = "rating", nonnegative = False,
         checkpointInterval = 10, intermediateStorageLevel = "MEMORY_AND_DISK",
         finalstorageLevel = "MEMORY_AND_DISK", coldstartstrategy = "nan");
    """
    _init_(self, rank = 10, maxIter = 10,regParam = 0.1,numUserBLocks = 10,
         numItemBLocks = 10, \implicitPrefs = false,alpha = 1.0, userCol = "user",
         itemCol = "item", seed = None, \ratingCol = "rating",nonnegative = false,
         checkpointInterval = 10,\intermediateStorageLevel = "MEMNORY_AND_DISK",\
         finalStorageLevel = "MENORY_AND_DISK", coldStartStrategy – "nan")
```

```
    """

    super(ALS,self)._init_()

    self._java_obj = self._new_java_obj("org.apache.spark.ml.recommendation.ALS",
self.uid)

    self._setDefault(rank = 10, maxIter = 10，regParam = 0.1,numUserBlocks = 10，

            numItemBlocks = 10, implicitPrefs = False, alpha = 1.0, userCol = "user",

            itemCol = "item", ratingCol = "rating", nonnegative = False,

            checkpointInterval = 10,

            intermediateStorageLevel = "MEMORY_AND_DISK",

            finalStorageLevel = "MEMORY_AND_DISK", coldStartStrategy = "nan")

    kwargs = self._input_kwargs

    self.setParams(** kwargs)
```

除去已介绍的参数以外，这里主要介绍几个重点参数：

• rank 是模型中潜在因子的数量（默认为 10，一般取 10~1 000，太小误差大；太大泛化能力差）。

• maxIter 是要运行的最大迭代次数（默认为 10）。

• regParam 是指定 ALS 中的正则化参数（默认为 0.1）。

• numBlocks 是将用户数据和物品数据分区为块以便并行计算的块数（默认为 10）。

• implicitPrefs 指定是使用显式反馈还是使用隐式反馈（默认值 false 表示使用显式反馈）。

• alpha 是适用于 ALS 的隐式反馈变量的参数，控制偏好观察中的基线置信度（默认为 1.0）。

第四节 模型评估与部署

一、模型预测与评估

(一) 模型预测

为了用 Spark 支持 Python，Apache Spark 社区发布了一个工具 Pyspark。在 Pyspark 工具中，使用 transform( ) 函数并基于校验数据，对其进行预测。首先，观察其输出结果格式以了解模型输出的字段类型：

```
perdicted_ratings = rec_model.transform(data)
perdicted_ratings.printSchema()

root
 |-- movieId: integer (nullable = true)
 |-- userId: integer (nullable = true)
 |-- rating: double (nullable = true)
 |-- timestamp: integer (nullable = true)
 |-- title: string (nullable = true)
 |-- genres: string (nullable = true)
 |-- title_new: double (nullable = true)
 |-- prediction: float (nullable = false)
```

测试结果数据集中，多出了一个为 prediction 的字段，该字段为模型所预测出来的、用户对于电影的可能评分，可以观察到该列数据的数值样式。

```
perdicted_ratings.show(10,False)

|movieId|userId|rating|timestamp  |title                                |genres              |title_new|prediction|
+-------+------+------+-----------+-------------------------------------+--------------------+---------+----------+
|3061   |178   |3.5   |1437425865 |Holiday Inn (1942)                   |Comedy|Musical      |496.0    |2.9946525 |
|3061   |505   |3.5   |1340405778 |Holiday Inn (1942)                   |Comedy|Musical      |496.0    |2.6150787 |
|3061   |575   |4.0   |1012596460 |Holiday Inn (1942)                   |Comedy|Musical      |496.0    |2.943337  |
|3061   |605   |4.0   |980194978  |Holiday Inn (1942)                   |Comedy|Musical      |496.0    |2.240355  |
|80906  |275   |5.0   |1358383973 |Inside Job (2010)                    |Documentary         |1238.0   |4.1100607 |
|80906  |138   |4.0   |1440380773 |Inside Job (2010)                    |Documentary         |1238.0   |3.119564  |
|8589   |243   |4.5   |1094226371 |Winter War (Talvisota) (1989)        |Drama|War           |1342.0   |3.1909995 |
|320    |609   |1.0   |1029870367 |Suture (1993)                        |Film-Noir|Thriller  |1580.0   |0.8796387 |
|320    |608   |4.0   |939362773  |Suture (1993)                        |Film-Noir|Thriller  |1580.0   |2.308389  |
|5548   |624   |3.0   |1029240574 |Down and Out in Beverly Hills (1986) |Comedy              |1591.0   |3.0892582 |
+-------+------+------+-----------+-------------------------------------+--------------------+---------+----------+
only showing top 10 rows
```

可以看到，预测得到的评分并不像原始评分一样间隔 0.5，且预测的分数与原始评分的分数之间有一定的差异。为了评判这些差异有多大，可以通过计算误差系数来评估这些差异有多大。

（二）模型评估

对于拟合出的模型，可以通过将校验数据用以模型预测，校验数据中拥有着真实用户的评分数据。可使用模型来生成模拟用户的评分输出数据，并通过对比模型输出的评分和用户真实评分之间的误差系数，来评判模型的性能。

评判误差的系数的方法一般有均方误差（MSE）、均方根误差（RMSE）、平均绝对误差（MAE）等。均方根误差就是均方误差的开根号，用于数据的描述。一般情况下，在比对推荐系统拟合情况时使用均方根误差。计算均方根误差的公式如下：

$$\sqrt{\frac{1}{m}\sum_{i=1}^{m}(y_i - \hat{y}_i)^2}$$

在 Pyspark 中，使用回归评估包检查模型的均方根误差值。在方法中引入 Pyspark 的回归评估包：

```
from pyspark.ml.evaluation import RegressionEvaluator
```

接着使用回归评估方法，传入数据和用以计算的字段，其中 metricName 为度量的名称，predictionCol 为预测的值，labelCol 为校验数据集中真实的评分值：

```
# regressionEvaluate 基于校验数据检查模型的 RMSE 值
evaluator = RegressionEvaluator(metricName = 'rmse', predictionCol = 'prediction', label-
Col = 'rating')
rmse = evaluator.evaluate(perdicted_ratings)
print('rmse 值为% f' % rmse)
```
rmse 值为 0.943801

均方根误差 RMSE 的值越小，说明模型的拟合程度越高。实际评分和预测评分中存在着一定的误差，可以通过调整模型的参数和使用混合方法来进一步改进。

二、模型调参与优化

（一）模型评估与调参

之前构建 ALS 模型时，使用的是 ALS 模型的默认参数构建，也就是当 rank = 10，maxIter = 10，regParam = 0.1 时所构建的模型。但这样的默认参数并不一定是构建模型的最好参数，因为一般情况下很难直接知晓模型的最佳参数。于是，可以通过简单地设置一定的参数范围来进行穷举，通过比对不同参数下模型的 RMSE 值，找到最小的 RMSE 值的模型，作为最佳模型。

如需要进行上述方式的循环，就需要将用以计算 RMSE 值的代码构造成可被调用的方法：

```
def computeRmse(rec_model,data):
from pyspark.ml.evaluation import RegressionEvaluator
perdicted_ratings = rec_model.transform(data)
evaluator = RegressionEvaluator(metricName = 'rmse', predictionCol = 'prediction', label-
Col = 'rating')
rmse = evaluator.evaluate(perdicted_ratings)
    return rmse
```

接着创建一系列默认变量，用以迭代更新：

```
# 表示最好的模型,默认为空

bestModel = None

# 表示最小的 RMSE 值,默认使用最大的 float 值

import sys

bestValidationRmse = sys.float_info.max

# 表示合适的潜在因子数量

bestRank = 0

# 表示最合适的正则化参数

bestRegParam = 1.0

# 表示最合适的最大迭代次数

bestIter = - 1

# 表示要循环的次数

iterNum = 0
```

在 Python 中，可以使用 range 函数输出一定范围内特定步长的数据，但该方法仅能对整数使用，正则化参数一般为小数，则可以使用 numpy 库中的 np 包，使用 np. arange( )方法实现输出一定范围内特定步长的小数。接着便可使用三个参数，构建循环结构，并将参数传入模型中进行迭代：

```
import numpy as np

for rank in range(8,12,1):

    for regParam in np.arange(0.1,10,1.0):

    for iter in range(10,20,1):

        iterNum+ = 1

        model = ALS(userCol = "userId",itemCol = "title_new",ratingCol = "rating",non-
negative = True,coldStartStrategy = "drop",rank = rank,maxIter = iter,regParam = regParam)

        rec_model = model.fit(training)
```

```
            rmse = computeRmse(rec_model,validation)

            print("第% d 次循环"% iterNum)

            if(rmse<bestValidationRmse):

                bestModel = rec_model

                bestValidationRmse = rmse

                bestRank = rank

                bestRegParam = regParam

print("循环结束")
```

循环的范围可以根据集群资源情况来进行设置。循环结束后，将之前准备的测试数据集用以模型测试，并输出最终模型测试的结果：

```
testRmse = computeRmse(bestModel,test)

print("The best model was trained with rank = "+str(bestRank)+" and lambda = "+
str(bestRegParam)+", and numIter = "+str(bestIter)+", and its RMSE on the test set is "+
str(testRmse)+".")
```

得到的 Best Model 便是经过参数穷举后，得到的拟合度最高的模型。

评估模型时，也可以创建一个天真基线，用以评估模型置信度：

```
# 计算训练和校验数据集的评分平均值

meanRating = training.union(validation).select(mean('rating' )).first()[0]

# 将该值单独作为一个列,添加到 test 数据集中

baselineTest = test.withColumn("meanRating", lit(meanRating))

# 计算天真模型的 rmse 值,也就是使用评分平均值与真实平均值比较

evaluator = RegressionEvaluator(metricName = 'rmse', predictionCol = 'meanRating', la-
belCol = 'rating' )

baselineRmse = evaluator.evaluate(baselineTest)

# 计算模型的提高率

improvement = (baselineRmse- testRmse)/baselineRmse* 100
```

```
print("The best model improves the baseline by % 1.2f "% improvement+ "% .")
```

```
The best model improves the baseline by 12.09 % .
```

（二）模型预测

得到最佳模型后，便可使用最佳模型进行推荐电影，因为 Pyspark 中的 ALS 模型是混合协同过滤算法，因此既可用以给指定用户推荐物品，也可以将指定物品推荐给用户。本书示例将电影推荐给用户的做法，推荐指定电影给用户的做法读者可以自行尝试。

推荐电影构造思路：先获取到用户看过的所有电影信息，再从全部的电影信息中得出用户没看过的电影的数据集，接着使用最佳模型预测该用户对没看过的电影可能打的分数，返回评分后的数据集，并根据评分的大小对电影进行排序。根据此思路，指定获取 userId 为 1 的用户，并对他进行推荐：

```
userId = 1
# 该用户看过的电影
watched_movies = all_df.filter(all_df['userId' ] = = userId).select('title_new').distinct()
# 该用户没看过的电影
remaining_movies = indexed.select('title_new').subtract(watched_movies.select("title_
new"))
# 添加 userId 到差集中作为单独一列
remaining_movies = remaining_movies.withColumn("userId", lit(int(userId)))
# 获取所有预测的电影,并根据预测的评分进行排名
recommendatins = bestModel. transform (remaining_ movies). orderBy ('prediction', as-
cending = False)
# 查看返回结果
recommendatins.show(10,False)
```

```
| title_new | userId | prediction |
+-----------+--------+------------+
| 3302.0    | 1      | 3.8597124  |
| 6016.0    | 1      | 3.8088756  |
| 8653.0    | 1      | 3.7444928  |
| 435.0     | 1      | 3.739314   |
| 3354.0    | 1      | 3.7022002  |
| 2124.0    | 1      | 3.6633196  |
| 490.0     | 1      | 3.6539092  |
| 5647.0    | 1      | 3.586271   |
| 613.0     | 1      | 3.5837402  |
| 5010.0    | 1      | 3.5525832  |
+-----------+--------+------------+
```

目前无法通过获取到的数据集结果看出具体电影名称，因为在之前特征工程时做了映射，现在需要将值反映射回来，因此，使用 IndexToString( ) 函数来创建一个可以返回电影名称的额外列：

```
from pyspark.ml.feature import IndexToString

movie_title = IndexToString(inputCol = 'title_new',outputCol = 'title',labels = movie_model.labels)

final_recommendations = movie_title.transform(recommendatins)

final_recommendations.show(10,False)
```

```
|title_new|userId|prediction|title                                                              |
+---------+------+----------+-------------------------------------------------------------------+
|3302.0   |1     |3.8597124 |Down by Law (1986)                                                 |
|6016.0   |1     |3.8088756 |Pride and Prejudice (1995)                                         |
|8653.0   |1     |3.7444928 |Baraka (1992)                                                      |
|435.0    |1     |3.739314  |Boy in the Striped Pajamas, The (Boy in the Striped Pyjamas, The) (2008)|
|3354.0   |1     |3.7022002 |It's a Mad, Mad, Mad, Mad World (1963)                             |
|2124.0   |1     |3.6633196 |Life Is Beautiful (La Vita è bella) (1997)                         |
|490.0    |1     |3.6539092 |Lake of Fire (2006)                                                |
|5647.0   |1     |3.586271  |Hachiko: A Dog's Story (a.k.a. Hachi: A Dog's Tale) (2009)         |
|613.0    |1     |3.5837402 |Dogville (2003)                                                    |
|5010.0   |1     |3.5525832 |Love Me If You Dare (Jeux d'enfants) (2003)                        |
+---------+------+----------+-------------------------------------------------------------------+
only showing top 10 rows
```

因此，对于用户 1 没看过的电影，便可以根据预测的评分表进行推荐。

三、模型部署

模型得到训练之后，便可以将其保存于 HDFS 之中，待需要使用时再进行调用，保存模型的代码和读取模型的代码分别如下：

```
# 设置保存路径
inputPath = "/usr/model"
# 保存模型
bestModel.save(inputPath)
# 设置读取路径
outputPath = "/usr/model"
# 读取模型
model1 = ALS.load(outputPath)
```

模型的构建过程也可以将其转化为脚本，并且在编写的过程中，可以将一些过程代码转换为单独的、可重复使用的方法，这样可以提高代码的可读性。

最后，得到的 Spark 模型可转换为不同语言使用，只要在不同语言或程序中所使用的 Spark 版本与 API 是一致的，那么这个模型便是通用的。通过调用 API 接口，将模型嵌入程序中，以实现在不同场景下的模型使用。

思考题

1. 有监督学习和无监督学习的分类依据是什么？

2. 模型的质量有哪些评估的方法？

3. Spark 的 MLlib 库和 ml 库有什么区别？

4. 基于用户的协同过滤算法和基于物品的协同过滤算法有哪些区别？

5. 划分数据集的作用是什么？

第四章
数据可视化开发

　　数据分析的结果不仅仅为企业内部所使用，也经常应用于不同场景下的对外展示。对外展示的方式有许多，如将数据仪表板制作到 Web 页面上，供外部用户查看；将仪表板制作到可视化大屏，放置在控制中心或广场，方便管理者进行分析结果监控；将仪表板嵌入手机 App 中，方便用户随时观察。H5 技术使得枯燥的数据结果得到了可视化展示，使用 JavaScript 构建的仪表板如今已被广泛应用于不同的场景。上述这些都可以被归纳到数据可视化的范畴中。本章以实际工作中的数据分析和处理结果为研究对象，以其网页展示作为项目内容，主要面向网页可视化界面开发，并使用 ECharts 进行各类图表的制作以及关联各类数据接口，组合构成仪表板的内容，最终实现一个完整的数据可视化项目。

- **职业功能：** 数据结果的可视化设计与开发。
- **工作内容：** 使用 ECharts 制作图表、关联各类数据接口；设计数据结果展示构成；制作仪表板以实现数据可视化。
- **专业能力要求：** 能使用可视化库进行可视化页面开发并配置交互模式；能根据产品反馈对可视化页面及图表进行调整和美化。
- **相关知识要求：** JavaScript 基础知识与应用方法；前端数据接口开发方法，JSON 数据解析方法；常见的仪表盘设计风格，仪表盘交互模式设计方法；EChart 使用方法，基本图表与复杂图表的概念与区别，基本图表开发方式，复杂图表开发方式。

第一节 Web可视化

一、Web可视化概述

第一章中介绍了基于 BI 工具进行可视化仪表板的制作。使用 BI 工具能够快捷地创建需要的数据分析结果，但 BI 工具旨在分析，而最终观看数据分析结果的人却并不一定具备数据分析能力，或不具备操作 BI 工具的能力。只要够更好地呈现和展示数据，将数据可视化与前端技术进行结合，就能够通过 Web 页面的方式降低人们查看数据分析结果的成本。由于前端界面的开发更加灵活自由，在开发过程中，可以将数据按预期样子进行呈现，这就让可视化信息的接收者能够更容易理解数据图表的内容。

使用 Web 可视化技术构建仪表板的基本逻辑与使用 BI 工具构建的基本逻辑相似，都是以不同的分析目的来构建页面布局。但是，Web 仪表板的开发方式与 BI 工具的开发方式却有很大的区别。通常在进行数据分析后，会将分析的结果保存回数据仓库中，用以记录分析的结果，方便后续的分析能够在原有的基础上继续进行。而在 Web 仪表板的开发过程中，所使用的数据一般为已分析处理后的数据。在 Web 开发场景中，往往使用前后端分离的方式：数据的通道从前端页面通过数据接口发起查询数据请求，并将带有参数的请求传递给后台系统；后台系统通过数据接口查询数据中台的数据记录，再将获取到的数据结果以 JSON 格式传递到前端页面，前端页面根据接口中所获取的数据格式选取合适的展示图表，将数据加载到图表中。综上，Web 仪表板开发的工作流程为：①确认接口数据格式；②根据原型构建仪表板布局；③创建静态图表并加载数据；④图表优化及集成。

二、工具介绍

对于 Web 的可视化工具而言，一般使用前端数据可视化插件，也就是 JavaScript 库来制作数据动态图表。常用的可视化库有 D3、HighCharts 和 ECharts。

（一）D3

D3.js（Data-Driven Documents，以下简称 D3）是一个 JavaScript 库，它可以通过 Web 标准来实现数据的可视化。D3 可以利用 HTML、SVG 和 Canvas 把数据形象地展现出来。由于它强大的可视化和交互技术，可以让使用者以数据驱动的方式操作 DOM，因而使用者的程序可以轻松兼容现代主流浏览器，以此设计合适的可视化接口。

D3 的图表类型非常丰富，几乎可以满足所有开发需求。但其代码比 ECharts 和 HighCharts 复杂。D3 的官方网站如图 4-1 所示。

图 4-1　D3.js 官方网站

（二） HighCharts

HighCharts 是一个用纯 JavaScript 编写的图表库，它能够简单便捷地在 Web 网站或是 Web 应用程序添加有交互性的图表，并且免费提供给个人学习、个人网站和非商业用途使用。使用 HighCharts 做商业用途需要授权。HighCharts 支持的图表类型有曲线图、区域图、柱状图、饼状图、散点图和综合图表。

HighCharts 界面美观，它使用 JavaScript 编写，不需要像 Flash 和 Java 一样依赖插件才可以运行，且运行速度快。另外 HighCharts 还有较好的兼容性，能够支持当前大多数浏览器。HighCharts 的官方网站如图 4-2 所示。

图 4-2　HighCharts 官方网站

（三） ECharts

ECharts 是一款基于 JavaScript 的数据可视化图表库，它提供了直观、生动、可交互、可个性化定制的数据可视化图表。ECharts 最初由百度团队开源，并于 2018 年初被捐赠给 Apache 基金会，称为 ASF 孵化级项目。

ECharts 是国产产物，其基于 Canvas 技术，适用于处理数据量比较大的情况，十分适合在大数据场景下使用。ECharts 的官方网站如图 4-3 所示。

比较以上三个工具，HighCharts 和 ECharts 兼容 IE6 及以上的所有主流浏览器，而 D3 只兼容 IE9 及以上的主流浏览器；三者都支持在移动端的缩放、手势操作；High-Charts 不是免费开源的，而 ECharts 和 D3 都完全免费开源，因此在成本方面，可以首要考虑 ECharts 和 D3；HighCharts 基于 SVG 技术，方便自己定制，但其图表类型有限，

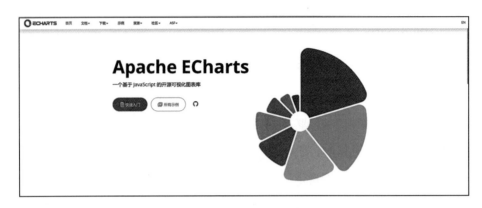

图 4-3　ECharts 官方网站

而 ECharts 基于 Canvas 技术，适用于数据量比较大的情况，此外 D3. v4 还支持 Canvas+ SVG 技术，但编码难度较高；在开发难度方面，如果读者能力较强时可以选择使用 D3，如果数据量较大时可以考虑 ECharts，如果只是一些简单的数据且客户对界面定制较多，则可以考虑使用 HighCharts。在此建议，若是 ECharts 和 HighCharts 的功能都无法满足需求制作效果，那么只能用 D3 制作图表。

本章中使用 ECharts 来构建 Web 可视化界面。

第二节　数据可视化开发准备

一、项目介绍及工程创建

（一）项目介绍

气象信息是人们每日生活中不可缺少的信息，而气象数据在经过数据分析处理后，能够展示出每天是否降雨、每日气温变化情况等信息。如何将专业的气象信息转化为便于人们理解的气象图表，并能够让使用者快速且全面地了解制作者想表达的信息，便尤为重要。

本项目中，以创建全球气象仪表板的方式，将后台数据接口中所发出的数据信息呈现在 Web 页面上。构建前端页面的开发工具众多，本节使用 IDEA 工具来构建前端网页。

（二）工程创建

打开 Linux 系统，进入 IDEA 目录，输入 ./idea.sh 打开软件，点击"Create New Project"，选择 Static Web 创建静态页面项目，如图 4-4 所示。

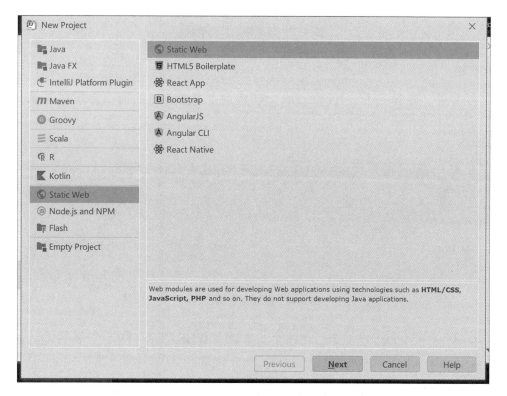

图 4-4 创建静态页面项目

创建名为"globalmeteorology"的静态页面项目。创建成功后，在根目录下创建名为"resources"的目录，在"File→ Project Structure"中选择"Modules"，点击加号创建"New Module"，接着在右侧选择"resources"目录，将其设置为"Resources"，如

图 4-5 所示。

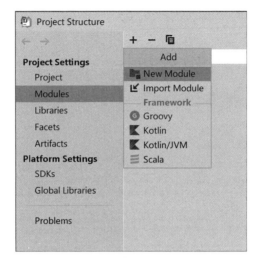

图 4-5　创建静态页面模块

右键"Resources"目录，点击"Directory"创建名为 js 的文件夹，用以存放各类的 js 文件。接着点击"HTML File"创建一个名为 test 的网页，用以测试，如图 4-6 所示。

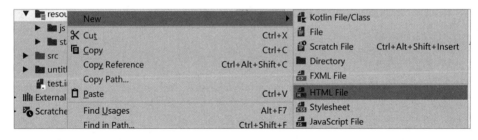

图 4-6　创建 HTML 文件

在创建好的 HTML 页面中，已经自动生成了 HTML 文件的格式。在<body>标签中，添加如下代码：

```
<p> 测试</p>
```

添加完成后，鼠标悬停在代码附近，右侧会可接打开浏览器显示当前 HTML 文件的快捷按钮。如图 4-7 所示，点击当前系统中存在的浏览器，便可快速查看当前的页面展示效果。

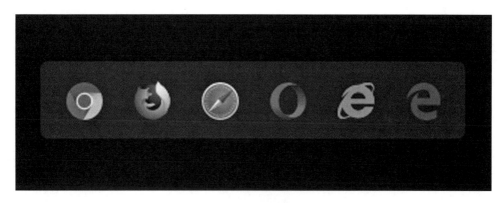

图 4-7　浏览器快捷启动按钮

在打开的浏览器页面中，若能看到"测试"文字，则表示项目基础设置成功，如图 4-8 所示。

图 4-8　查看页面

二、ECharts 安装及配置

ECharts. js 有三种安装方法：一种是将 JS 文件下载下来，放置到本地程序中；另一种是使用 CDN 方法；最后一种是使用 NPM 方法，但由于 NPM 安装速度慢且 NPM 版本需要大于 3.0，因此不太推荐使用。

（一）在线定制下载

打开 ECharts 官网，选择下载菜单栏下的下载，点击方法三中的在线定制，如图 4-9 所示。

图 4-9　在线定制

在在线定制界面，选择在构建仪表板时有需要使用到的图表，以及 ECharts 的版本，打包到 JS 文件中，如图 4-10 所示。一般来说，为了减小页面加载的速度，只需勾选特定的图表即可。为了进行演示，这里将勾选全部的图表以及其他选项，点击下载。

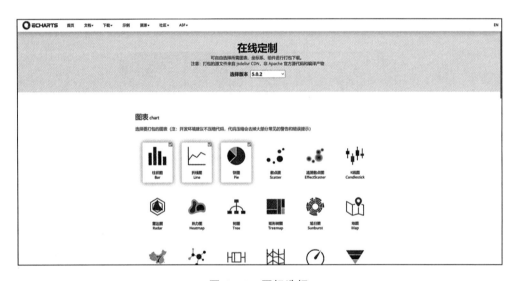

图 4-10　图标选择

点击下载后，会对 JS 文件进行编译创建，等待创建完成后，将所下载的"echarts. min. txt"后缀改为". js"，并拖拽至 IDEA 的 js 文件夹中。

回到 IDEA 的 text. html 文件中，在<head>标签中，添加以下代码，将 JS 库引用到当前页面中：

```
<script src = "js/echarts.min.js"></script>
```

在<body>标签中，添加下列测试代码，并运行页面，即可看到图表效果（如图 4-11 所示）：

```
<! -- 为 ECharts 准备一个具备大小 ( 宽高 ) 的 Dom -->

<div id = "main" style = "width: 600px;height:400px;"></div>

<script type = "text/javascript">

    // 基于准备好的 dom, 初始化 echarts 实例

    var myChart = echarts.init(document.getElementById('main'));

    // 指定图表的配置项和数据

    var option = {

        title: {

            text: '第一个 ECharts 实例'

        },

        tooltip: {},

        legend: {

            data:['销量']

        },

        xAxis: {

            data: ["衬衫","羊毛衫","雪纺衫","裤子","高跟鞋","袜子"]

        },

        yAxis: {},

        series: [{

            name: '销量',

            type: 'bar',

            data: [5, 20, 36, 10, 10, 20]

        }]

    };

    // 使用刚指定的配置项和数据显示图表。

    myChart.setOption(option);

</script>
```

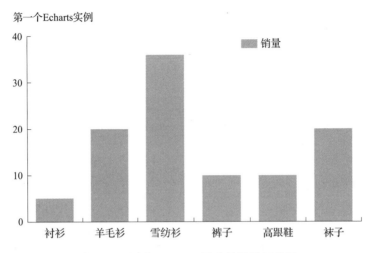

图 4-11　测试 **ECharts** 图表效果显示结果

（二）CDN 方法

以下推荐比较稳定的两个国际通用的 CDN 和一个国内特有的 CDN，目前还是建议下载到本地。

Staticfile CDN（国内特有）：

https：//cdn. staticfile. org/echarts/5. 0. 2/echarts. min. js.

jsDelivr：

https：//cdn. jsdelivr. net/npm/echarts@ 5. 0. 2/dist/echarts. min. js.

cdnjs：

https：//cdnjs. cloudflare. com/ajax/libs/echarts/5. 0. 2/echarts. min. js.

在<head>标签中将刚才设置的<script>标签替换为如下标签，运行程序可实现同样效果：

```
<script src = "https://cdn.staticfile.org/echarts/5.0.2/echarts.min.js"></script>
```

三、使用 Postman 确认接口参数

Postman 是一款 Chrome 浏览器插件，用于模拟 HTTP 请求，可帮助前后端人员进行单元测试，它可以通过提交 url，设置 GET 或者 Post 请求方式，并且可以加入

head 信息以及 HTTP body 信息，进行 HTTP 请求测试。

　　Postman 可以通过访问 Chrome 商店，直接搜索"Postman"，点击安装；也可以通过下载的安装包，打开 Chrome 浏览器，点击"设置"→"更多工具"→"扩展程序"，开启"开发者模式"，将下载的压缩包进行解压，并且在浏览器中选择已解压扩展程序和目录即可。打开浏览器，点击应用中的"Postman"，即可开启。

　　开启后需要进行账号登录。若不想登录，可以点击"Skip this，go straight to the App"跳过账号的步骤。进入页面后，在右侧界面中可以通过输入 url 地址，并选择 get 或者 post 方法查看接口访问的返回结果。访问"localhost：8080/wordtemperature"，查看返回的结果数据，如图 4-12 所示。

图 4-12　worldtemperature 数据接口格式

　　可以看到返回的结果为 JSON 的格式，每个条返回的数据由两个字段构成，格式为"字段名:字段值"。但并非所有的数据格式都相同。若是不清楚返回的数据是什么意思，还需要与后台开发人员沟通并确定数据接口路径、数据格式以及接口参数、提交方式等信息。

<h1 style="text-align:center">第三节　图表基础技能</h1>

一、图表基础概念

ECharts 中提供了非常丰富的图表样式可供使用者选择。对于初学 ECharts 的新手而言，最佳的创建图表方式便是参考 ECharts 的官网示例进行调整设置，从而达到快速实现想要样式图表的效果，如图 4-13 所示。

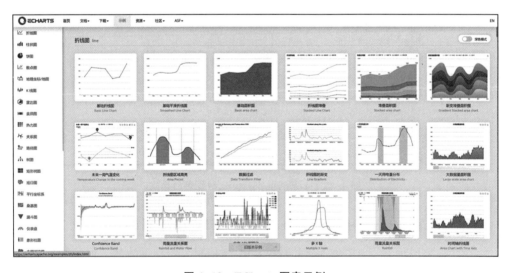

图 4-13　ECharts 图表示例

虽然官方提供了大量的样式数据，但对于许多仪表板而言，常常需要有大量定制化的图表效果，因此需要对 ECharts 有一个初步的概念认识。

（一）ECharts 实例

一个网页中可以创建多个 ECharts 实例，每个 ECharts 实例中可以创建多个图表和坐标系等（用 option 来描述）。准备一个 DOM 节点（作为 ECharts 的渲染容器），就可以在上面创建一个 ECharts 实例。每个 ECharts 实例独占一个 DOM 节点，如图 4-14 所示。

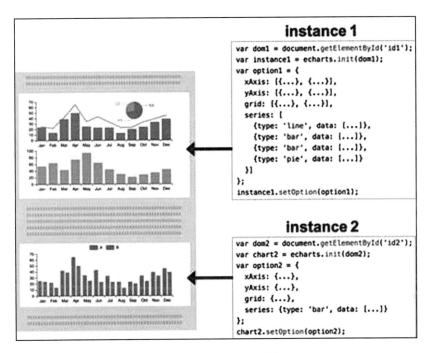

图 4-14 ECharts 实例

（二）系列

系列（series）是图表中很常见的名词。在 ECharts 里，系列是指一组数值以及他们映射成的图。系列这个词原本可能来源于"一系列的数据"，而在 ECharts 中其扩展的概念不仅表示数据，也表示数据映射成为的图。所以，一个系列所包含的要素有：一组数值（series. data）、图表类型（series. type）以及其他关于这些数据如何映射成图的参数。

ECharts 里系列类型就是图表类型，系列类型至少包含：linc（折线图）、bar（柱状图）、pie（饼图）、scatter（散点图）、graph（关系图）、tree（树图）等。如

161

图 4-15 所示，右侧的 option 中声明了三个系列：pie、line、bar，每个系列中有它所需要的数据。

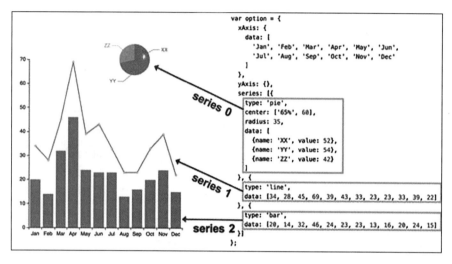

图 4-15　ECharts 系列中设置数据

同样地，图 4-16 中是另一种系列配置方式，即系列的数据从 dataset 中取。关于数据集的介绍将会在后续内容中介绍。

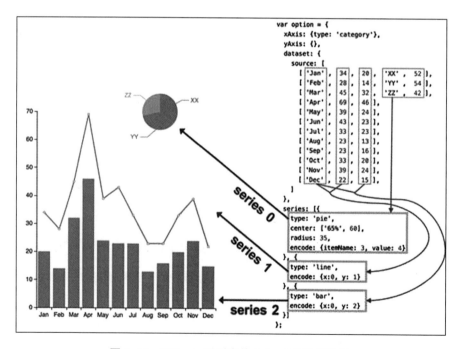

图 4-16　ECharts 系列中从 dataset 中设置数据

（三）组件

ECharts 中的各种内容，被抽象称为组件（component）。ECharts 中所包含的组件如表 4-1 所示。

表 4-1　　　　　　　　　　　　　　ECharts 中的组件

组件名	说明
xAxis	直角坐标系 X 轴
yAxis	直角坐标系 Y 轴
grid	直角坐标系底板
angleAxis	极坐标系角度轴
radiusAxis	极坐标系半径轴
polar	极坐标系底板
geo	地理坐标系
dataZoom	数据区缩放组件
visualMap	视觉映射组件
tooltip	提示框组件
toolbox	工具栏组件
series	系列
…	…

系列也是一种组件，可将系列理解为是专门绘制"图"的组件。

如图 4-17 所示，右侧的 option 中声明了各个组件（包括系列），各个组件就出现在图中。

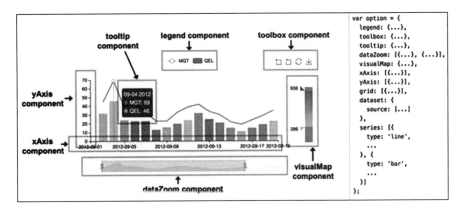

图 4-17　ECharts 中的各个组件及其生效位置

163

由于系列是一种特殊的组件，所以有时候也会出现"组件和系列"这样的描述，这种语境下的"组件"是指除了"系列"以外的其他组件。

（四）用 option 描述图表

ECharts 的使用者会使用 option 来描述其对图表的各种需求，包括：有什么数据、要画什么图表、图表是什么样子、含有什么组件、组件能操作什么事情等。简而言之，option 表述了数据如何映射成图形的过程，及二者之间的交互行为。

以下案例表示了 option 的简单使用方式：

```
// 创建 echarts 实例。
var dom = document.getElementById('dom- id');
var chart = echarts.init(dom);
// option 是个大的 JavaScript 对象,用 option 描述'数据'、'数据如何映射成图形'、
'交互行为'等。
var option = {
// option 每个属性是一类组件。
legend: {...},
grid: {...},
tooltip: {...},
toolbox: {...},
dataZoom: {...},
visualMap: {...},
// 如果有多个同类组件,那么就是一个数组。例如这里有三个 X 轴。
xAxis: [
    // 数组每项表示一个组件实例,用 type 描述"子类型"。
    {type: 'category', ...},
    {type: 'category', ...},
    {type: 'value', ...}
```

```
],

yAxis: [ {...},{...} ],

// 这里有多个系列, 也是构成一个数组。

series: [

    // 每个系列, 也有 type 描述"子类型", 即"图表类型"。

    {type: ' line', data: [[' AA',332], [' CC', 124], [' FF', 412], ...]},

    {type: ' line', data: [2231, 1234, 552, ...]},

    {type: ' line', data: [[4, 51], [8, 12], ...]}

]]

};

// 调用 setOption 将 option 输入 echarts, 然后 echarts 渲染图表。

chart.setOption (option);
```

　　系列里的 series. data 是本系列的数据。而另一种描述方式中, 系列数据从 dataset
中取:

```
var option = {

dataset: {

    source: [

        [121, 'XX' , 442, 43.11],

        [663, 'ZZ', 311, 91.14],

        [913, 'ZZ', 312, 92.12],

        ...

    ]

},

xAxis: {},

yAxis: {},

series: [
```

```
    // 数据从 dataset 中取，encode 中的数值是 dataset.source 的维度 index（即第
几列）

    {type:'bar', encode: {x:1, y:0}},

    {type:'bar', encode: {x:1, y:2}},

    {type:'scatter', encode: {x:1, y:3}},

    ...

    ]

    };
```

（五）组件的定位

不同的组件、系列常有不同的定位方式。多数组件和系列都能够基于 top/right/down/left/width/heigh 做绝对定位。这种绝对定位的方式类似于 CSS 的绝对定位（position：absolute）。绝对定位基于的是 ECharts 容器的 DOM 节点，它们的每个值都可以是绝对数值（例如"bottom: 54"表示距离 ECharts 容器底边界 54 像素）；或者绝对定位可基于 ECharts 容器高宽的百分比（例如"right: '20%'"表示距离 ECharts 容器右边界的距离是容器宽度的 20%）

图 4-18 为对 grid 组件（也就是直角坐标系的底板）设置 left、right、height、bottom 所达到的效果。

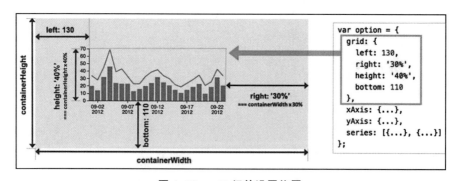

图 4-18　grid 组件设置位置

这里能够看到，left、right、width 是 grid 组件中一组横向相关的属性，top、bottom、height 是 grid 组件中一组纵向相关的属性。这两组没有什么关联性，每组中至多

设置两项就可以定位，第三项会被自动算出。例如设置了 left 和 right 就可以确定图表的位置，width 会被自动算出，因此不需要再对 width 进行设置。

少数圆形的组件或系列可以使用"中心半径定位"，如 pie（饼图）、sunburst（旭日图）、polar（极坐标系）。中心半径定位往往依据 center（中心）、radius（半径）来决定位置。

少数组件和系列可能有自己的特殊的定位方式，可以对照不同组件的文档说明。

（六）坐标系

很多系列如 line（折线图）、bar（柱状图）、scatter（散点图）、heatmap（热力图）等需要在坐标系上运行。坐标系用于布局这些图、显示数据的刻度等。例如 ECharts 中支持以下坐标系：直角坐标系、极坐标系、地理坐标系（GEO）、单轴坐标系、日历坐标系等。其他一些系列如 pie（饼图）、tree（树图）等并不依赖坐标系，能独立存在。还有一些图如 graph（关系图）等既能独立存在，也能布局在坐标系中，依据用户的设定而生成不同的图。

一个坐标系可能由多个组件协作而成。以最常见的直角坐标系来举例，直角坐标系中包括 xAxis（直角坐标系 X 轴）、yAxis（直角坐标系 Y 轴）、grid（直角坐标系底板）三种组件。xAxis、yAxis 被 grid 自动引用并组织起来，共同处理工作。

图 4-19 中以最简单的方式构建直角坐标系：该坐标系只声明了 xAxis、yAxis 和一个 scatter（散点图系列），ECharts 自动为它们创建了 grid 并关联。

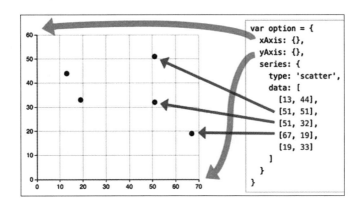

图 4-19　坐标系设置

如图 4-20 所示，两个 yAxis 共享一个 xAxis。两个 series 也共享了这个 xAxis，但是分别使用了不同的 yAxis。使用 yAxisIndex 来指定它们各自使用的是哪个 yAxis。

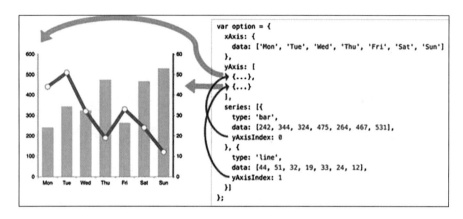

图 4-20　共用坐标系

图 4-21 所示的 ECharts 实例中，有多个 grid 组件，每个 grid 组件都有 xAxis、yAxis，并分别使用 xAxisIndex、yAxisIndex、gridIndex 来指定引用关系。

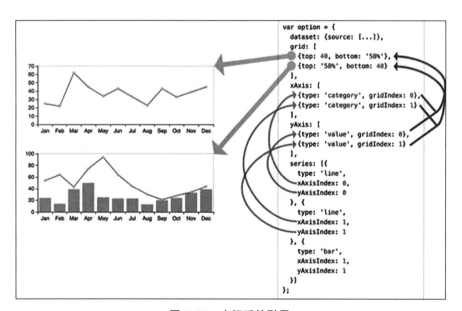

图 4-21　坐标系的引用

另外，一个系列往往能运行在不同的坐标系中。例如，一个 scatter（散点图）能运行在直角坐标系、极坐标系、地理坐标系（GEO）等各种坐标系中。同样，一个坐标系也能承载不同的系列，如上面出现的例子中，直角坐标系里承载了 line（折线图）、bar（柱状图）等。

二、数据集

ECharts4 支持 dataset 组件用于单独的数据集声明，从而使数据可以被单独管理，并被多个组件复用，这在不少场景下能为用户带来使用上的方便。在 ECharts4 问世之前，数据只能被声明在各个系列中，例如：

```
option = {
xAxis: {
    type: 'category',
    data: ['Matcha Latte', 'Milk Tea', 'Cheese Cocoa', 'Walnut Brownie']
},
yAxis: {},
series: [{
        type: 'bar',
        name: '2015',
        data: [89.3, 92.1, 94.4, 85.4]
},
{
        type: 'bar',
        name: '2016',
        data: [95.8, 89.4, 91.2, 76.9]
},
{
        type: 'bar',
        name: '2017',
        data: [97.7, 83.1, 92.5, 78.1]
```

```
    }
    ]
}
```

这种方式直观、易于理解，缺点是为了匹配这种数据输入形式，常需要有数据处理的过程，还需要把数据分割设置到各系列（和类目轴）中。此外，该方式不利于多个系列共享一份数据，也不利于基于原始数据进行图表类型、系列的映射安排。

于是，ECharts4 提供了数据集（dataset）组件来单独声明数据，它带来了以下效果：

• 能够反映数据可视化的思维方式并提供数据；指定数据到视觉的映射，从而形成图表。

• 数据和其他配置可以分离，这是由于数据常变而其他配置不变。

• 数据可以被多个系列或者组件复用，不必为每个系列单独创建一份数据。

• 支持更多的数据格式，例如二维数组、对象数组等，一定程度上避免了烦琐的转换。

以原型图中的全球最高温地区排名为例：

```
myChart.setOption({
dataset:{
// 提供一份数据
    source:[
        ['country','temperature'],
        ['Burkina Faso',31],
        ['Senegal',30],
        ['Benin',29],
        ['Ghana',29],
        ['Indonesia',29],
        ['Niger',29],
        ['Papua New Guinea',29],
```

```
            ['Togo',29],

            ['Fiji',28],

            ['Gambia',28]

        ]
},
// 声明一个 y 轴,类目轴(category)。默认情况下,类目轴对应到 dataset 第一列

yAxis:{type:'category' },

// 声明一个 x 轴,数值轴

xAxis:{},

// 声明一个 bar 系列。当有多个系列时,每个系列会自动对应到 dataset 的每一列

series:[

{type:'bar' }

]

})
```

图 4-22 为全球高温地区年平均温度排名结果。

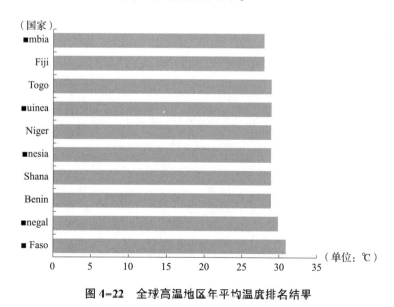

图 4-22　全球高温地区年平均温度排名结果

也可以使用常见的对象数组格式,通过 dimensions 指定维度的顺序。在直角坐标

系中，默认把第一个维度映射到 X 轴上，把第二个维度映射到 Y 轴上。如果不指定 dimensions，也可以通过指定 series. encode 完成映射，代码如下：

```
series:[
    {type:' bar' ,encode: {
            y: ' country' ,
            x: ' temperature'
        }
    }
]
```

数据适合用二维表的形式来描述。使用较多的数据表格软件或者关系数据库都是二维表，它们的数据可以通过接口导出成 JSON 格式，输入到 dataset. source 中，在不少情况下可以免去一些数据处理的步骤。

在 JavaScript 常见的数据传输格式中，二维数据可以比较直观地存储二维表。除了二维数组以外，dataset 也支持例如下面 key-value 方式的数据格式，这类格式也常见，但是目前这类格式不支持 seriesLayoutBy 参数：

```
dataset: [{
// 按行的 key- value 形式( 对象数组) ,这是个比较常见的格式。
source: [
{product: ' Matcha Latte' , count: 823, score: 95.8},
{product: ' Milk Tea' , count: 235, score: 81.4},
{product: ' Cheese Cocoa' , count: 1042, score: 91.2},
{product: ' Walnut Brownie' , count: 988, score: 76.9}
]
}, {
// 按列的 key- value 形式。
source: {
```

```
'product': ['Matcha Latte', 'Milk Tea', 'Cheese Cocoa', 'Walnut Brownie'],

'count': [823, 235, 1042, 988],

'score': [95.8, 81.4, 91.2, 76.9]

}

}]
```

（一）把数据集的行或列映射为系列

有了数据表之后，使用者可以灵活地将数据对应到轴和图形系列。可以使用 seriesLayoutBy 配置项，改变图表对于行列的理解（如图 4-23 所示）。seriesLayouotBy 取值有如下几种。

- column：默认值，系列被安放到 dataset 的列上面。
- row：系列被安放到 dataset 的行上面。

```
myChart.setOption({
  legend:{},
  dataset:{
      source:[
            ['country','3 月 1 号','3 月 2 号','3 月 3 号'],
            ['Burkina Faso',31,30,29],
            ['Senegal',30,30,31],
            ['Benin',29,28,26],
      ]
  },
  xAxis:[
      {type:'category',gridIndex:0},
      {type:'category',gridIndex:1},
  ],
  yAxis:[
      {gridIndex:0},
      {gridIndex: 1}
```

```
    ],
    grid:[
        {bottom:'55% '},
        {top:'55% '}
    ],
    series:[
        // 这几个系列会在第一个直角坐标系中,每一个系列对应到 dataset 的每
一行。
        {type:' bar',seriesLayoutBy:' row' },
        {type:' bar',seriesLayoutBy:' row' },
        {type:' bar',seriesLayoutBy:' row' },
        // 这几个系列会在第二个直角坐标系中,每个系列对应到 dataset 的第一列。
        {type:' bar',xAxisIndex:1,yAxisIndex:1},
        {type:' bar',xAxisIndex:1,yAxisIndex:1},
        {type:' bar',xAxisIndex:1,yAxisIndex:1}
    ]
})
```

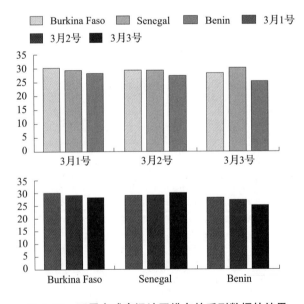

图 4-23　配置全球高温地区排名的系列数据的结果

（二）维度

常用图表所描述的数据大部分是二维表结构，前面所讲的都是二维数组来容纳二维表。当系列对应到列的时候，每一列就成为一个维度（dimension），而每一行被称为数据项（item）。反之，如果把系列对应到表行，那么每一行就是维度，每一列就是数据项。

维度可以有单独的名字，便于在图表中显示。维度名（dimension. name）可以定义在 dataset 的第一行或者第一列。前面的例子中，"country""3 月 1 号""3 月 2 号""3 月 3 号"就是维度名，从第二行开始，才是正式的数据。

dataset. source 中第一行（列）所包含的维度名，ECharts 默认会自动探测。当然也可以设置 dataset. sourceHeader。true 显示第一行（列）就是维度，抑或是设置为 false，表明第一行（列）开始就直接是数据。

维度也可以使用单独的 dataset. dimensions 或者 series. dimeensions 来定义，这样可以同时指定维度名和维度的类型（dimension. type）：

```
var option1 = {
dataset: {
    dimensions: [
// 可以在 type 中指定维度类型。
        {name: 'country', type: 'ordinal'},
        {name: '3 月 1 号'},
// 可以简写为 string,表示维度名。
        '3 月 2 号',
        null // 可以设置为 null 表示不想设置维度名
    ],
    source: [...]
},
...
};
```

```
var option2 = {
dataset: {
      source: [...]
},
series: {
      type: 'line',
      // 在系列中设置的 dimensions 会更优先采纳。
      dimensions: [
           ...
      ]
},
...
};
```

大多数情况下无须设置维度类型。但若因数据为空值导致判断不够准确时，可以手动设置维度类型，取值如下：

• 'number'：默认，表示普通数据。

• 'ordinal'：对于类目、文本这些 string 类型的数据，如果需要在数轴上使用，须设置成 'ordinal' 类型。ECharts 默认会自动判断这个类型。但是自动判断有时也不可能很准确，所以使用者也可以手动指定类型。

• 'time'：表示时间数据。将维度类型设置成 'time' 则支持自动将数据解析成时间戳（timestamp），比如该维度的数据是 '2017-05-10'，数据会自动被解析成时间戳。如果这个维度被用在时间数轴（axis. type 为 'time'）上，那么会被自动设置为 'time' 类型。

• 'float'：如果将维度类型设置成 'float'，在存储时候可使用 TypedArray，这样对性能优化有好处。

• 'int'：如果将维度类型设置成 'int'，在存储时候可使用 TypedArray，这样对性能优化有好处。

（三） 数据到图形的映射 （series. encode）

了解了维度的概念之后，便可以使用 encode 来做映射：

```
series: [
{
    type: 'bar',
    encode: {
        // 将 "country" 列映射到 X 轴。
        x: 'country',
        // 将 "3 月 1 号" 列映射到 Y 轴。
        y: '3 月 1 号'
    }
}
]
```

series. encode 声明的基本结构中，冒号左边是坐标系、标签等特定名称，如 'x''y' 'tooltip' 等；冒号右边是数据中的维度名（string 格式）或者维度的序号（number 格式，从 0 开始计数），可以指定一个或多个维度（使用数组）。通常情况下，下面各种信息按需填写即可：

```
// 在任何坐标系和系列中,都支持:
encode: {
// 使用"名为 product 的维度"和"名为 score 的维度"的值在 tooltip 中显示
tooltip: ['product', 'score' ],
// 使用"维度 1"和"维度 3"的维度名连起来作为系列名。(有时候名字比较长,这可以避免在 series. name 重复输入这些名字)
seriesName: [1, 3],
// 表示使用"维度 2"中的值作为 id。这在使用 setOption 动态更新数据时有用处,可以使新老数据用 id 对应起来,从而能够产生合适的数据更新动画。
```

```
itemId: 2,

// 指定数据项的名称使用"维度 3"在饼图等图表中有用,可以使这个名字显示在

图例(legend)中。

itemName: 3

}

// 直角坐标系(grid/cartesian)特有的属性:

encode: {

// 把"维度 1""维度 5""名为 score 的维度"映射到 X 轴:

x: [1, 5, ' score'],

// 把"维度 0"映射到 Y 轴。

y: 0

}

// 单轴(singleAxis)特有的属性:

encode: {

single: 3

}

// 极坐标系(polar)特有的属性:

encode: {

radius: 3,

angle: 2

}

// 地理坐标系(geo)特有的属性:

encode: {

lng: 3,

lat: 2

}
```

```
// 对于一些没有坐标系的图表，例如饼图、漏斗图等，可以是：
encode: {
value: 3
}
```

当 series. encode 并没有被指定时，ECharts 针对最常见的直角坐标系中的图表（折线图、柱状图、散点图、K 线图等）、饼图、漏斗图，会采用一些默认的映射规则，如下。

1. 在坐标系中（如直角坐标系、极坐标系等）

如果有类目轴（axis. type 为 category），则将第一列（行）映射到这个轴上，后续每一列（行）对应一个系列。

如果没有类目轴，而坐标系有两个轴（例如直角坐标系的 XY 轴），则每两列对应一个系列，这两列分别映射到这两个轴上。

2. 如果没有坐标系（如饼图）

取第一列（行）为名字，第二列（行）为数值（如果只有一列，则取第一列为数值）。

（四）视觉通道的映射

visualMap 是视觉映射组件，其作用是用于进行"视觉编码"，也就是将数据映射到视觉元素（视觉通道）。

视觉元素包括如下几种：

· symbol：图元的图形类别。

· symbolSize：图元的大小。

· color：图元的颜色。

· colorAlpha：图元的颜色的透明度。

· opacity：图元以及其附属物（如文字标签）的透明度。

· colorLightness：颜色的明暗度，参见 HSL。

· colorSaturation：颜色的饱和度，参见 HSL。

- colorHue：颜色的色调，参见 HSL。

- visualMap 组件可以定义多个，从而可以同时对数据中的多个维度进行视觉映射。

visualMap 组件可以定义为分段型（visualMapPiecewise）或连续型（visualMapCon-
tinuous），用"type"来区分。例如：

```
option = {
visualMap: [
    { // 第一个 visualMap 组件
        type: 'continuous', // 定义为连续型 visualMap
        ...
    },
    { // 第二个 visualMap 组件
        type: 'piecewise', // 定义为分段型 visualMap
        ...
    }
],
...
};
```

以全球最高温地区图表为例，创建带有视觉通道的柱状图（如图 4-24 所示）：

```
myChart.setOption({
 dataset:{
    dimensions:[' country',' temperature' ],
    source:[
        [' Burkina  Faso' ,31],
        [' Senegal' ,30],
        [' Benin' ,29],
        [' Ghana' ,29],
```

```
        ['Indonesia',29],

        ['Niger',29],

        ['Papua New Guinea',29],

        ['Togo',29],

        ['Fiji',28],

        ['Gambia',28],

    ]
},
xAxis:{},
yAxis:{type:'category'},
// 设置包含标签
grid: {containLabel: true},
visualMap: {
    // 类型为连续型
    type: 'continuous',
    // 样式为横条
    orient: 'horizontal',
    // 位置为下方居中
    left: 'center',
    // 范围设置
    min: 27,
    max: 33,
    // 设置左右文字
    text: ['°C','温度:'],
    // 设置映射的维度
    dimension: 1,
```

```
        // 设置红橙黄渐变颜色

        inRange: {

                color: ['#ffeb13', '#ff930e', '#FD665F']

        }

    },

    series:[

        {type:'bar',encode: {

                    y: 'country',

                    x: 'temperature'

            }

        }

    ]

})
```

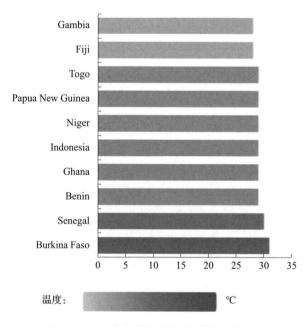

图 4-24　创建带有视觉通道的柱状图结果

当鼠标悬停在条形图上时，下方的视觉通道会显示具体温度所对应的位置及数值。

第四节 仪表板界面开发

一、页面设计与规划

在进行仪表板界面的开发和设计时，往往需要由产品经理先在原型图上绘制页面的原型结构，再由美工切图、绘制图形，最后制作图表页面。

为观察全球气象情况，需要获取全球方面的信息情况，同时还需要对特定地区分析当地情况。因此，在考虑了上述需求因素的情况下，可以得到如下页面诉求：

- 能够较为直观地观察到全球的气象情况。
- 能够较为简单地得到关注信息的最值情况。
- 能够对于当前地区进行详细观察。
- 能够观察页面交互信息。

基于上述分析情况，可以在页面的中心区域，放置全球地图，展示最全的全球气象信息。对于全球气象信息而言，主要是展示全球温度，可以将全球最高温和最低温国家排名的情况放置在左侧页面展示。因为要在页面上展示交互信息，因此可以依据气象网站中未来一周的气温变化以及当日每小时气温变化趋势，来判断各地区的气温演变情况。最后，可以在页面的右侧区域显示当前时间交互地区的温度、湿度以及历史降雨信息。

最终可简单构成仪表板原型图，如图4-25所示。

得到原型图之后，便可以创建各图表所在容器，并使用静态数据先绘制图表，待页面创建完成后，再与后台数据接口进行对接，最终制成动态交互仪表板。

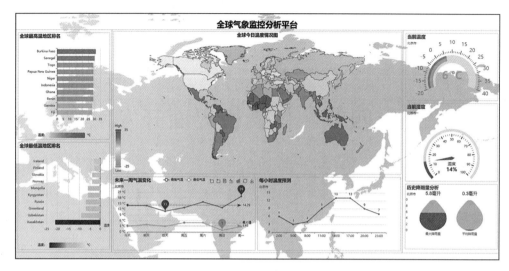

图 4-25　全球气象监控分析仪表盘原型图

二、容器创建

回到工程中，创建名为 dashboard 的 HTML 文件。在<head>标签中，创建代码<style type="text/css">,用来设置各类图形样式。

将原型图进行简化，保留各个容器区域，可以得到如图 4-26 所示的页面容器布局信息。

<table>
<tr><td colspan="4" align="center">标题</td></tr>
<tr><td>高温排行榜</td><td>地图</td><td></td><td>当前温度表</td></tr>
<tr><td rowspan="2"></td><td rowspan="2"></td><td rowspan="2"></td><td>当前湿度表</td></tr>
<tr><td></td></tr>
<tr><td>低温排行榜</td><td>七日趋势图</td><td>各小时趋势图</td><td>历史降雨量图</td></tr>
</table>

图 4-26　容器布局

整个页面的布局可以分为两大部分：标题和容器区。

先创建简单的标题样式。考虑到展示结果需要适配不同的浏览器，显示器的大小可能会有一定的变化，因此建议以百分比的方式设置标题的位置。设置之前，还需要先设置页面主体的大小及位置，在<style type="text/css">中输入：

```
html,body{

margin:0;

padding:0;

height: 95% ;

width: 100% ;

}
```

设置完成之后，在 HTML 代码的<body>标签中，创建一个<div>用以展现标题，详细的样式代码如下：

```
<div id="heading" style="width: 100% ;height: 5% ">

<h1 style="text- align: center">

全球气象监控分析平台

</h1>

</div>
```

在上述代码中，创建一个宽度占整个页面 100%、高度占整个页面 5% 的标题区域，并且设置标题文字为居中的样式。

下方的容器区可以使用 "float" 样式进行位置摆放。考虑到不同的容器大小不同，全部放在同一个容器区中进行排列可能会导致位置错乱。因此，可以将页面分割为 3 个容器区，以便构造容器排列，如图 4-27 所示。

三个不同的容器区可以按照页面对称的比例分布，可创建 2∶6∶2 的宽度比例，并且创建宽度为 1 像素的边界来区分容器范围。因为容器区 2 的位置处于页面的中间位置，但是 "float" 的属性只能设置 left 或者 right，因此，在进行等比例创建后，会出现容器区 3 被挤到下方的情况。

全球气象监控分析平台

| 高温排行榜

容器区1

低温排行榜 | 地图

容器区2

七日趋势图 | 各小时趋势图 | 当前温度表

容器区3
当前湿度表

历史降雨量图 |

图4-27 不同容器区域

```
    <div id = "container1" style = "width: 20% ;height: 100% ;border:1px solid #ccc;float:
left"></div>
    <div id = "container2" style = "width: 60% ;height: 100% ;border:1px solid #ccc;float:
left"></div>
    <div id = "container3" style = "width: 20% ;height: 100% ;border:1px solid #ccc;float:
right"></div>
```

出现这种情况是因为当设置了"border"边界之后，边界的范围并没有被算入容器的范围，因此出现了超界的情况。可以通过对容器区 2 进行微调，将宽度（width）的值设置为"calc（60%-6px）"，使得容器区 3 能够与其他容器区显示在同一排而不至于有较大的间隙。

接着，在容器区 1 的标签中，再添加 2 个子容器：

```
    <div id = "high" style = "width: 95% ;height: 48% ;border:1px solid #ccc;margin: 10px">
高温排行榜</div>
    <div id = "low" style = "width: 95% ;height: 48% ;border:1px solid #ccc;margin: 10px">
低温排行榜</div>
```

在样式中，添加 "margin" 属性，也就是设置与其他容器的边界距离。同样，在容器区 2 中添加 3 个子容器，分别为地图容器、七日趋势图容器和各小时趋势图容器：

```
<div id = "world" style = "width: 99% ;height: 64% ;border:1px solid #ccc;margin- left:
5px;margin- right: 5px;margin- top: 5px"> 地图</div>
    <div id = "7day" style = "width: 49% ;height: 33% ;float:left;border:1px solid #ccc;mar-
gin- left: 5px;margin- block: 10px"> 七日趋势图</div>
    <div id = "each_hour" style = "width: 49% ;height: 33% ;float:right; border:1px solid #
ccc;margin- right: 5px;margin- block: 10px"> 各小时趋势图</div>
```

在容器区 3 中添加 3 个子容器区，分别是当前温度容器、当前湿度容器和历史降雨量容器：

```
<div id = "nowtemperature" style = "width: 95% ;height: 30% ;border:1px solid #ccc;
margin: 10px"> 当前温度表</div>
    <div id = "nowhumidity" style = "width: 95% ;height: 35% ;border:1px solid #ccc;margin:
10px"> 当前湿度表</div>
    <div id = "history" style = "width: 95% ;height: 29% ;border:1px solid #ccc;margin:
10px"> 历史降雨量图</div>
```

所有容器布局构造完成之后，便可创建各自容器的图表，最后将图表加载到容器中进行呈现。

三、制作项目中的数据图表

了解了图表和数据集的基本配置方式之后，便可以创建多个 HTML 文件，用来配置不同的图表。如前所述已经创建了"全球最高温地区排名"图表，接下来创建剩余的图表。

（一）全球最低温地区排名

创建一个新的 HTML 文件，并创建 option 对应的容器信息：

```
var chartDom = document.getElementById(' main' );
var myChart = echarts.init(chartDom);
myChart.setOption({

})
```

在 setOption 中设置图表标题及模拟数据信息：

```
title: {
 text: '全球最低温地区排名',
},
dataset: {
 dimensions:[' country' ,' temperature' ],
 source: [
      [ ' Kazakhstan' ,-21],
      [ ' Uzbekistan' ,-9,],
      [' Greenland' ,-7],
      [' Russia' ,-7],
      [' Kyrgyzstan' ,-6],
      [' Mongolia' ,-6],
      [' Norway' ,-4],
      [' Slovakia' ,-4],
      [' Finland' ,-3],
      [' Iceland' ,-3]
  ]
},
```

创建底板、X 轴和 Y 轴的配置信息：

```
grid: {containLabel: true},
xAxis: {name: ' 温度' },
```

```
yAxis: {type: 'category' },
```

创建视觉通道：

```
visualMap: {

  type: 'continuous',

  orient: 'horizontal',

  left: 'center',

  min: -21,

  max: 0,

  text: ['°C','温度：'],

  dimension: 1,

  inRange: {

      color: ['#2b1dff', '#1cffa1', '#dafd0c']

  }

},
```

创建系列以及配置数据到图形的映射：

```
series: [

  {

      type: 'bar',

      encode: {

          x: 'temperature',

          y: 'country'

      }

  }

]
```

全球最低温地区排名

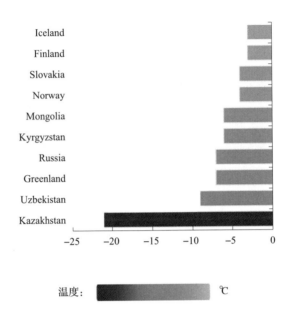

图 4-28 创建映射后显示结果

（二）全球今日温度情况图

绘制全球地图，需要借助 world.js 中所提供的全球地图信息。world.js 可在网络上搜索，因不同的绘制全球地图的模式会有一些区别，因此只需要搜索适合原型样式的信息即可。将 world.js 复制到项目文件的 js 文件夹下，并在<head>标签中添加：

```
<script src = "js/world.js"></script>
```

创建 option 对应的容器信息，并在 setOption 中设置图表标题及模拟数据信息：

```
title: {

 text: '全球今日温度情况图',

 left: 'center',

 top: 'top'

},

dataset:{
```

```
        dimensions: ['country', 'temperature'],

        source: [

                ['United States', 5],

                ['Faeroe Is. ', 6],

                ['China', 8],

                ['Russia', -7],

                ['United Kingdom', 8],

        ]

    },
```

设置视觉通道组件：

```
visualMap: {

  min: -25,

  max: 35,

  text:['°C','温度:'],

  color: ['orangered','yellow','lightskyblue']

},
```

设置系列：

```
series: [

  {

      type: 'map',

      mapType: 'world',

      // 设置可缩放

      roam: true,

  }

]
```

图 4-29 为全球今日温度情况图设置系列后的结果。

图 4-29　全球今日温度情况图设置系列后结果

（三）每小时温度预测

每小时温度预测图为折线图，需要将系列的样式设置为 'line'，此时先创建标题和测试数据集：

```
title:{
  text:'每小时温度预测'
},
dataset:{
  source:[
      [' 2:00' ,6],
      [' 5:00' ,3],
      [' 8:00' ,4],
      [' 11:00' ,9],
      [' 14:00' ,13],
      [' 17:00' ,13],
      [' 20:00' ,9],
      [' 23:00' ,7]
```

```
    ]
  },
```

编辑 X 轴、Y 轴和系列,将 X 轴设置为类目轴,Y 轴设置为数值轴:

```
xAxis: {
  type: 'category',
},
yAxis: {
  type: 'value'
},
series: [{
  type: 'line',
}]
```

如图 4-30 所示,为每小时温度预测折线图设置结果。

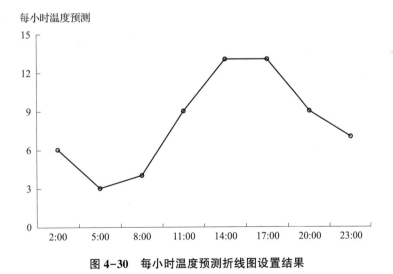

图 4-30　每小时温度预测折线图设置结果

目前图表效果无法直观看到曲线上的点对应的数值,需在系列中设置显示标签,使折线上显示数据(如图 4-31 所示):

```
label:{show:true}
```

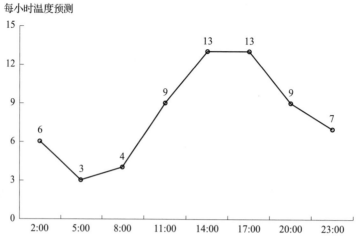

每小时温度预测

图 4-31 折线图上显示具体数据后的结果

（四）未来一周气温变化

未来一周气温变化图较为复杂，需要在一个图表上显示最高温和最低温两个数据，能够放大、缩小不同选区，能够在图表上相应地显示出最值信息。这相比之前绘制的图表所用的组件更多，且更复杂。先创建标题和测试数据集：

```
title: {
  text: '未来一周气温变化',
  // 子标题
  subtext: '北京市'
},
dataset:{
  dimensions:[' week',' maxtemperature',' mintemperature' ],
  source: [
      ['今天',14,3],
      ['明天',14,4],
      ['后天',11,3],
      ['周五',13,5],
      ['周六',16,5],
      ['周日',13,1],
```

```
        ['周一', 19, 3]
    ]
},
```

绘制直角坐标系，以及直角坐标系中的最高温和最低温曲线（如图 4-32 所示）：

```
xAxis: {
  type: 'category',
  // 设置类目在坐标轴的点上而不在空隙中
  boundaryGap: false,
},
yAxis: {
  type: 'value',
  // 格式化 y 轴坐标显示显示内容
  axisLabel: {formatter: '{value} °C'}
},
series:[
  {name:'最高气温',type:'line'},
  {name:'最低气温',type: 'line'}
]
```

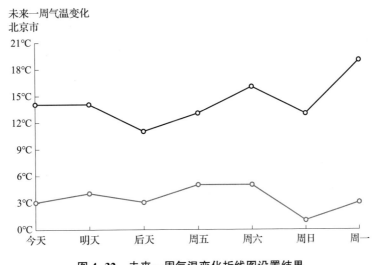

图 4-32　未来一周气温变化折线图设置结果

在曲线上绘制最值，可以在对应的系列中添加 markPoint 和 markLine （如图 4-33 所示），具体添加在最高值曲线属性配置项后面：

```
markPoint: {
data: [
 {type: 'max', name: '最大值'},
 {type: 'min', name: '最小值'}
]
},
markLine: {
 data: [
      {type: 'average', name: '平均值'}
 ]
}
```

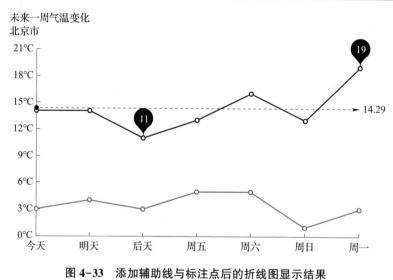

图 4-33　添加辅助线与标注点后的折线图显示结果

同样，也可以绘制最低温曲线：

```
markPoint: {
 data: [
```

第四章 数据可视化开发

```
        {type: 'max', name: '最大值'},
        {type: 'min', name: '最小值'}
    ]
},
markLine: {
  data: [
        {type: 'max', name: '最大值'},
        {type: 'average', name: '平均值'}
  ]
}
```

如果希望做出鼠标悬停在曲线上时显示出数据的效果（如图4-34所示），可以使用 tooltip 组件：

```
tooltip: {
  trigger: 'axis'
},
```

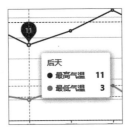

图 4-34　添加悬停效果后的结果

如果想选择曲线，则可使用 legend 组件来控制各曲线的显示状态。通过点击图例来显示、隐藏不同的曲线：

```
legend: {},
```

添加图例按钮如下：

──○── 最高气温 ──○── 最低气温

197

如果需要添加对图片的操作，可以使用 toolbox 组件，配置缩放、切换图表模式等信息：

```
toolbox: {
  show: true,
  feature: {
      // 选择特定数据区间进行放大
      dataZoom: {
          yAxisIndex: 'none'
      },
      // 显示该图表的数据框
      dataView: {readOnly: false},
      // 显示可切换图表选项,这里设置为将图表切换为折线图或柱状图
      magicType: {type: ['line', 'bar']},
      // 刷新选项
      restore: {},
      // 保存图片选项
      saveAsImage: {}
  }
},
```

添加对图片操作控制组件后的结果：

综上，未来一周气温变化表最终呈现效果，如图 4-35 所示。

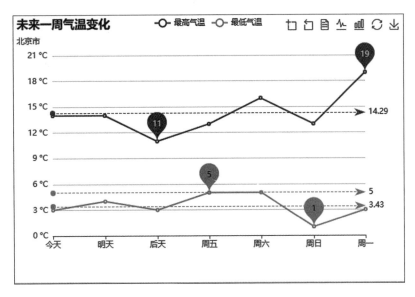

图 4-35　未来一周气温变化图表最终效果

(五)　当前湿度

需要使用 gauge 样式将当前湿度信息显示为测量表的样式，默认样式如图 4-36 所示。

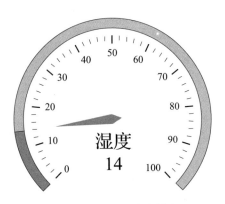

图 4-36　gauge 默认样式

创建一个测量表的代码如下：

```
series: [{
  type: 'gauge',
  progress: {
```

```
        show: true
    },
    data: [{
        value: 14,
        name: '湿度'
    }]
    }]
```

其中，progress 配置项显示的是外圈的数值，data 中的 value 项和 name 项会显示在图上相应位置。一般情况下，湿度的单位是百分号，表示相对湿度；但是后台传输的数据并不一定会对数值进行调整，因此可通过对数据格式化的方式，调整数值显示的内容，在系列中加入如下代码：

```
detail: {
  // 添加数据动画
  valueAnimation: true,
  // 数据格式化
  formatter: '{value}% '
},
```

这样，在页面加载的时候，测量表上的数字会从 0 开始滚动到当前数值（图 4-37 为调整测量表显示后的结果）。

图 4-37　调整测量表显示后的结果

（六）当前温度

温度表的样式相较于湿度表较为复杂，需要对表盘结构进行设置：

```
series: [{
  // 设置类型为测量表
  type: 'gauge',
  // 设置图形中心位置
  center: ["50% ", "70% "],
  // 起始和结束角度
  startAngle: 200,
  endAngle: - 20,
  // 最大最小值
  min: - 20,
  max: 30,
  // 测量表上显示的数字数量
  splitNumber: 5,
  // 设置数据
  data: [{value: 6}],
}]
```

这样设置后的样式并不够美观，可以通过使用 progress 添加外圈上的数据轴来使得数据变化更加清晰（如图 4-38 所示）。在 series 中添加如下代码：

```
progress: {
  show: true,
  width: 10
},
```

图4-38 调整测量表上数据轴后的结果

实际生活中，温度变化是正常情况。如果设置显示指针，在十几度的温度下指针就会指向测量表的过半位置，给人造成气温很高的错觉。这不符合实际，因此可以通过 pointer 配置项隐藏指针（如图 4-39 所示）：

```
pointer: {
  show: false,
},
```

图4-39 隐藏测量表数据指针后的结果

测量表的外圈宽度也可以通过设置 axisLine 配置项来调整（如图 4-40 所示）：

```
axisLine: {
 lineStyle: {
      width: 30
  }
},
```

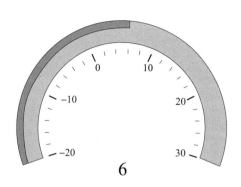

图 4-40 调整测量表外圈宽度后的结果

测量表的刻度分为轴刻度和分割线。轴刻度为较小的刻度，分割线为较大的刻度，可以将其设置为向外的刻度方向，使得刻度显得不那么拥挤（如图 4-41 所示）：

```
// 轴刻度
axisTick: {
  // 外翻距离
  distance: - 45,
  // 子刻度轴数量
  splitNumber: 5,
  // 样式设置
  lineStyle: {
      // 宽度 4 像素
      width: 4,
  }
},
// 分割线
splitLine: {
  distance: - 52,
  length: 14,
  lineStyle: {
```

```
      width: 3,
   }
 },
 // 分割线显示数字
 axisLabel: {
  distance: - 20,
  color: '#999',
  fontSize: 20
 },
```

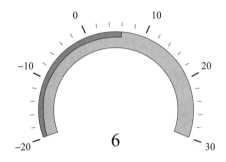

图 4-41　调整刻度方向后的结果

一个测量表虽然已经形成了，但是其显示效果并不美观，此时可以通过 detail 配置项对显示的中间信息进行美化调整（如图 4-42 所示）：

```
detail: {
 // 数字动画
 valueAnimation: true,
 // 字宽
 width: '60% ',
 // 水平高度
 lineHeight: 40,
 // 字高
```

```
    height: '15%',

    // 边界半径

    borderRadius: 8,

    // 偏移度

    offsetCenter: [0, '-15%'],

    // 字体大小

    fontSize: 60,

    // 字体加粗

    fontWeight: 'bolder',

    // 内容格式化

    formatter: '{value}°C',

    // 设置颜色

    color: 'auto'

  }
```

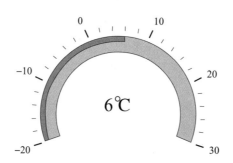

图 4-42　美化测量表中间信息后的结果

测量表构建好后，图表显示看上去并不饱满，可以在原有的测量表中再添加一个系列，并调整两个系列的线宽，让线条呈现出渐变的效果（如图 4-43 所示）：

```
{

  type: 'gauge',

  center: ["50%", "70%"],
```

```
startAngle: 200,

endAngle: - 20,

min: - 20,

max: 30,

itemStyle: {

    color: '#272af9',

},

progress: {

    show: true,

    width: 8

},

pointer: {

    show: false

},

axisLine: {

    show: false

},

axisTick: {

    show: false

},

splitLine: {

    show: false

},

axisLabel: {

    show: false

},
```

```
detail: {

    show: false

},

data: [{

    value: 6,

}]

}
```

图 4-43　增加渐变系列后的结果

（七）历史降雨量分析

历史降雨量的原型图中，图的形状为象形柱状图。这种类型的图需要先获取原始图形的 SVG 素材，并使用 Illustartor 进行编辑，通过 SVG 选项中的显示代码即可获得 Path 代码，如图 4-44 所示。

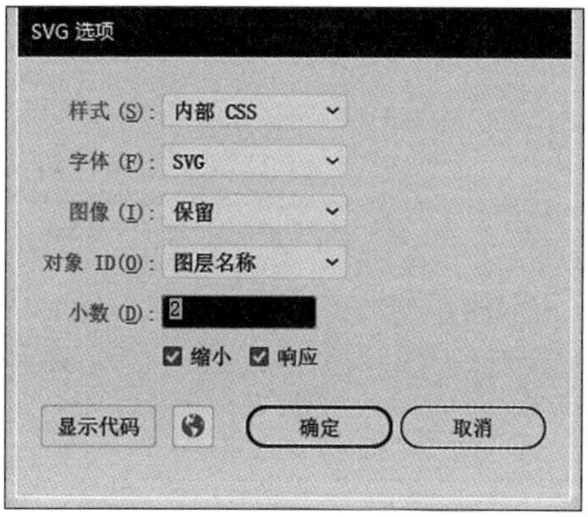

图 4-44　获取图片 Path 代码

获取代码之后，<path>标签中的 d 属性值，就是该图片的代码：

```
<svg id = "图层 1" data- name = "图层 1" xmlns = "http://www.w3.org/2000/svg" view-
Box = "0 0161.8200"><defs><style>.cls- 1{il#1296db;}</style></defs><path class = "cls- 1
d" = "M180.9,119.1c0,44.38- 36.52,80.9- 80.9,80.9s- 80.9- 36.52- 80.9- 80.9C19.1,74.92,53,
42,76.86, 11. 29a29. 36, 29. 36, 0, 0, 1, 46. 28, 0C147. 05, 42, 180. 9, 74. 92, 180. 9, 119. 1Z"
transform = "translate(- 19.1)"/></svg>
```

创建一个 Path 对象，并将值传递给该对象：

```
var path = 'path://M180.9,119.1c0,44.38- 36.52,80.9- 80.9,80.9s- 80.9- 36.52- 80.9- 80.
9C19.1,74.92,53,42,76.86,11.29a29.36,29.36,0,0,1,46.28,0C147.05,42,180.9,74.92,180.9,
119.1Z';
```

接着创建象形图的最大值和上方标签的格式类型：

```
var max = 10;
var labelSetting = {
    show: true,
    position: 'outside',
    offset: [0, - 10],
    formatter: function (param) {
        return param.value + '毫升';
    },
    textStyle: {
        fontSize: 18,
        fontFamily: 'Arial'
    }
};
```

创建 option，构建图表基本信息：

```
option = {
  title: {
      text: '历史降雨量分析',
      subtext: '北京市'
  },
  dataset: {
      source: [
          ['最大降雨量', '平均降雨量'],
          [ 5.8, 0.3],
      ]
  },
  tooltip: {
  },
  xAxis: {
      data: ['最大降雨量', '平均降雨量'],
      axisTick: {show: false},
      axisLine: {show: false},
      axisLabel: {show: true}
  },
  yAxis: {
      max: max,
      offset: 20,
      splitLine: {show: false}
  }
};
```

象形柱状图的构成分为两个系列：一个是实际值，一个是背景色。象形柱状图的类型为"pictorialBar"。如下：

```
series: [{
  name: '降雨量',
  type: 'pictorialBar',
  symbolClip: true,
  symbolBoundingData: max,
  label: labelSetting,
  symbol:path,
  seriesLayoutBy: 'row',
  z: 10
}, {
  name: 'full',
  type: 'pictorialBar',
  animationDuration: 0,
  itemStyle: {
      color: '#ccc'
  },
  symbol:path,
  data: [{
      value: max,
  }, {
      value: max,
  }]
}]
```

真实值和背景色的差异取决于配置项 symbolClip，当配置项设置为 true 时，即根据数值，将原始图形以象形柱状图显示，如图 4-45 所示。

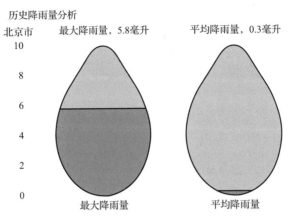

历史降雨量分析

图 4-45　设置象形柱状图显示结果

四、异步数据加载和更新

前面所创建的图表都是通过设置 dataset 的形式设置，但实际生产环境中，数据往往并非前期就准备好，人们大多情况不会通过接口获取数据。因此在获取数据时，数据的加载与图表的构建是不同步的。

ECharts 中实现异步数据的更新操作非常简单，在图表初始化后，只要通过 jQuery 等工具异步获取数据后，并通过 setOption 填入数据和配置项，就能实现。以全球最高温图表为例，将 dataset 替换为通过接口获得的 data。jQuery 可通过 jquery. min. js 来提供依赖，也可以通过网上搜索 CDN 的方式引入。

```
$.get(' http://localhost:8080/todaymaxtemperaturetop10' ).done(function (data) {
myChart.setOption({
    title: {···},
    xAxis:{},
    yAxis:{···},
    grid: {···},
    visualMap: {···},
// 将数据集设置为通过接口获取到的数据
    dataset:{
```

```
        source:data
    },
    series:[
        {type:'bar',encode: {
                    y: 'country',
                    x: 'temperature'
            }
        }
    ]
})
});
```

或者也可以先设置完其他的样式，构建出一个空的直角坐标系，再填入数据。以全球最低温地区排名为例，先创建图表样式：

```
myChart.setOption({
    title: {
        text: '全球最低温地区排名',
    },
    grid: {containLabel: true},
    xAxis: {name: '温度'},
    yAxis: {type: 'category'},
    visualMap: {
        type: 'continuous',
        orient: 'horizontal',
        left: 'center',
        min: - 21,
        max: 0,
```

```
        text: ['°C','温度:'],

        dimension: 1,

        inRange: {

            color: ['#2b1dff', '#1cffa1', '#dafd0c']

        }

    },

});
```

再异步加载数据:

```
$.get('http://localhost:8080/todaymintemperaturetop10').done(function (data) {

// 填入数据

myChart.setOption({

    dataset:{

        source:data

    },

    series:[

        {type:'bar',encode: {

                y: 'country',

                x: 'temperature'

            }

        }

    ]

});

});
```

五、图表集成样式美化

所有的图表在各自的 HTML 页面创建好之后，便可以复制到仪表板的主页面 dashboard. html 中。复制后通过 document. getElementById( )设置对应<div>标签中的 ID，即可完成图表的加载。部分复制后的图表字体的大小可以自动调节，但是仍然有一部分图片的大小和位置存在偏移的情况。这时候便可以使用各种常用的偏移量、字号大小相关的组件进行调整。

而集成后的仪表板，可以通过调节其颜色主题（theme）、调色盘、直接样式设置（itemStyle、lineStyle、areaStyle、label、…）和视觉映射等来调整样式效果。其中，视觉映射已在前面部分介绍。

（一）颜色主题

最简单的更改全局样式的方式，是直接采用颜色主题（theme）来进行。ECharts4 除了默认主题外，还新内置了两套主题，分别为 'light' 和 'dark'，用法如下：

```
var chart = echarts. init(dom,'light' );
```

其他的主题没有内置在 ECharts 中，需要自己加载。这些主题可以在官方网站提供的主题编辑器浏览网站 https://echarts. apache. org/zh/theme-builder. html 里访问到。也可以使用这个主题编辑器，自行编辑主题。

如果主题被保存为 JSON 文件，那么可以自行加载和注册主题，如下：

```
// 假设主题名称是 "vintage"
 $.getJSON(' xxx/xxx/vintage.json', function (themeJSON) {
echarts.registerTheme(' vintage', JSON.parse(themeJSON))
var chart = echarts.init(dom, ' vintage' );
});
```

如果主题被保存为 UMD 格式的 JS 文件，那么可以直接引入 JS 文件：

```
// HTML 引入 vintage.js 文件后(假设主题名称是 "vintage")
var chart = echarts.init(dom, ' vintage' );
```

（二）调色盘

调色盘可以在 option 中设置。系统默认给定了一组颜色，图形、系列会自动从其

214

中选择颜色。可以设置全局的调色盘，也可以设置系列专属的调色盘：

```
option = {
    // 全局调色盘。
    color: ['#c23531','#2f4554', '#61a0a8', '#d48265', '#91c7ae','#749f83',
'#ca8622', '#bda29a','#6e7074', '#546570', '#c4ccd3'],


    series: [{
        type: 'bar',
        // 此系列自己的调色盘。
        color: ['#dd6b66','#759aa0','#e69d87','#8dc1a9','#ea7e53','#eedd78',
'#73a373','#73b9bc','#7289ab', '#91ca8c', '#f49f42'],
        ...
    }, {
        type: 'pie',
        // 此系列自己的调色盘。
        color: ['#37A2DA', '#32C5E9', '#67E0E3', '#9FE6B8', '#FFDB5C','#ff9f7f',
'#fb7293', '#E062AE', '#E690D1', '#e7bcf3', '#9d96f5', '#8378EA', '#96BFFF'],
        ...
    }]
}
```

（三）调色盘直接的样式设置

直接的样式设置是比较常用设置方式。纵观 ECharts 的 option 中，很多地方可以设置样式，如 itemStyle、lineStyle、areaStyle、label 等。这些设置主要是调整图形元素的颜色、线宽、点的大小、标签的文字和样式等属性项。

一般来说，ECharts 的各个系列和组件都遵从以上命名习惯。

（四）高亮的样式

在鼠标悬浮到图形元素上时，一般会出现高亮的样式。默认情况下，高亮的样式是根据普通样式自动生成的。但是高亮的样式也可以通过 emphasis 属性来自定义，其结构和普通样式的结构相同，例如：

```
option = {
    series: {
        type: 'scatter',


        // 普通样式。
        itemStyle: {
            // 点的颜色。
            color: 'red'
        },
        label: {
            show: true,
            // 标签的文字。
            formatter: 'This is a normal label.'
        },
        // 高亮样式。
        emphasis: {
            itemStyle: {
                // 高亮时点的颜色。
                color: 'blue'
            },
```

```
        label: {

            show: true,

            // 高亮时标签的文字。

            formatter: 'This is a emphasis label. '

        }

    }

  }

}
```

第五节　复杂图表操作

一、transform 数据转换

在进行前后端交互时，获取的数据集有些时候不符合期望的格式。而对于后台数据集群而言，调整数据格式会造成较大的计算资源开销，这时候便可以使用 ECharts 提供的数据转换（data transform）功能。ECharts 对数据转换的支持从 ECharts 5 版本开始。

在 ECharts 中，数据转换指的是给定一个已有的数据集（dataset）和一个转换方法（transform），ECharts 据此能生成一个新的数据集，并使用这个新的数据集绘制图表。

抽象地来说，数据转化公式为：outputData = f（inputData）。其中，f 是转换方法，包括过滤（Filter）、排序（Sort）、回归（Regression）、箱型图（Boxplot）、合计

217

（Aggregate）等。有了数据转换能力后，至少可以做到以下事情：

- 把数据分成多份用不同的饼图展现。
- 进行一些数据统计运算，并展示结果。
- 用某些数据可视化算法处理数据，并展示结果。
- 数据排序。
- 去除或直接选择数据项。

（一）基础使用

在 dataset 设置完 source 配置项后，可以继续进行如下转换，并进行数据过滤：

```
dataset: [{
        // 这个 dataset 的 index 是'0'。
        source: [
            ['Product', 'Sales', 'Price', 'Year'],
            ['Cake', 123, 32, 2011],
            ['Ceteal', 231, 14, 2011],
        ]
    },{
        // 这个 dataset 的 index 是'1'。
        transform: {
            type: 'filter',
            config: {dimension: 'Year', value: 2011 }
        },
        …
    }]
```

另外可以设置 fromDatasetIndex 或 fromDatasetId 属性。这些属性指定了 transform 的输入来自于哪个 dataset。例如，"fromDatasetIndex：0"表示输入来自于 index 为 0 的 dataset。又例如，"fromDatasetId：'a'"表示输入来自于 id：'a' 的 dataset。当这些属性

都不指定时，就默认输入来自于 index 为 0 的 dataset。当继续创建 transform 时，会依次增加 index 的编号。

filter 类型的 transform 能够遍历并筛选出满足条件的数据项。每个 transform 如果需要有配置参数的话，都须配置在 config 里。在这个 filter 的 transform 中，config 用于指定筛选条件，如指定 dimension 为 year 的字段且值为 2011 的所有数据项。

在引用数据集时，可以通过指定 datasetIndex 方式选择对应数据项。

（二）链式声明

transform 可以被链式声明①，这是一个语法糖（Syntactic sugar，指计算机语言中添加的某种语法，这种语法对语言没影响，方便程序员使用），几个 transform 被声明成 array 并构成了一个链，其中，前几个 transform 的输出是最后一个 transform 的输入。例如：

```
option: {
 dataset: [{
        source: [ ...] //原始数据
 }, {
        //几个 transform 被声明成 array,他们构成了一个链,
        //前一个 transform 的输出是最后一个 transform 的输入。
        transform: [{
            type: 'filter',
            config: {dimension: 'Product', value: 'Tofu'}
        }, {
            type: 'sort',
            config: {dimension: 'Year', order: 'desc'}
        }]
    }]
}
```

---

① 链式声明是将函数指针关联的设置动作，即使用指针的一种数据结构。线性结构中，当用指针的时候，就指针直接指向元素的地址，可以很方便地插入和删除。

```
     series: {

         type: 'pie',

             // 这个系列引用上述 transform 的结果。

             datasetIndex: 1

      }

    }
```

理论上，任何 transform 都可能有多个输入或多个输出。但是，如果一个 transform 被链式声明，那么它只能获取前一个 transform 的第一个输出作为输入（第一个 transform 除外），且它只能把自己的第一个输出给到后一个 transform（最后一个 transform 除外）。

在大多数场景下，transform 只需输出一个 data。但是也有一些场景，需要输出多个 data，每个 data 可以被不同的 series 或者 dataset 使用。例如，在内置的 boxplot transform 中，除了 boxplot 系列所需要的 data 外，离群点（outlier，远离序列一般水平的极大或极小值）也会被生成，并且可以用例如散点图系列显示出来。

可以通过配置 dataset.fromTransformResult 来满足这种情况，例如：

```
option = {
  dataset: [{
      // 这个 dataset 的 index 为 '0'。
      source: [...] // 原始数据
  }, {
      // 这个 dataset 的 index 为 '1'。
      transform: {
          type: 'boxplot'
      }
      // 这个 "boxplot" transform 生成了两个数据：
```

```
    // result[0]: boxplot series 所需的数据。

    // result[1]: 离群点数据。

    // 当其他 series 或者 dataset 引用这个 dataset 时,他们默认只能得到

    // result[0]。

    // 如果想要他们得到 result[1] ,需要额外声明如下这样一个 dataset :
}, {
    // 这个 dataset 的 index 为 '2'。

    // 这个额外的 dataset 指定了数据来源于 index 为 '1'的 dataset。

    fromDatasetIndex: 1,

    // 并且指定了获取 transform result[1]。

    fromTransformResult: 1
}],
xAxis: {

    type: 'category'
},
yAxis: {
},
series: [{

    name: 'boxplot',

    type: 'boxplot',

    // Reference the data from result[0].

    // 这个 series 引用 index 为 '1'的 dataset。

    datasetIndex: 1
}, {

    name: 'outlier',

    type: 'scatter',

    // 这个 series 引用 index 为 '2'的 dataset。
```

```
    // 从而也就得到了上述的 transform result[1]（即离群点数据）
    datasetIndex: 2
  }]
};
```

另外，dataset. fromTransformResult 和 dataset. transform 能同时出现在一个 dataset 中，这表示这个 transform 的输入是上游结果中以 fromTransformResult 获取的结果。例如：

```
{
fromDatasetIndex: 1,
fromTransformResult: 1,
transform: {
    type: 'sort',
    config: { dimension: 2, order: 'desc'}
}
}
```

使用 transform 有时会因无法配对而显示不出来结果，并且无法得知错误原因。此时可以通过配置项 transform. print：true 将其输出到 console. log 中，方便调试。

（三） filter

在 filtertransform 中，有以下要素。

1. 关于维度

config. dimension 指定了维度，能设定成声明在 dataset 中的维度名，例如 config：{dimension：'Year'，'='：2011}。不过，dataset 中维度名的声明并非强制，故也可以设定成 dataset 中的维度 index（index 值从 0 开始），例如 config：{dimension：3，'='：2011}。

2. 关于关系比较操作符

关系比较操作符有：>（gt）、>=（gte）、<（lt）、<=（lte）、=（eq）、!=（ne、<>）、

reg。(小括号中的符号或名字是别名，设置起来作用相同)。它们能基于数值大小进行比较，并且具有以下额外的功能特性：

• 多个关系操作符能声明在一个 ¦ ¦ 中，例如 ¦dimension：'Price'，'>='：20，'<'：30¦。这表示"与"的关系，即筛选出价格大于等于 20 小于 30 的数据项。

• data 里的值不仅可以是数值（number），也可以是"类数值的字符串"（numeric string）。"类数值的字符串"本身是一个字符串，但是可以被转换为字面所描述的数值，例如 '123'。转换过程中，空格（全角半角空格）和换行符都能被消除（trim）。

• 如果需要对日期对象（JS Date）或者日期字符串（如 '2012-05-12'）进行比较，则需要手动指定 parser：'time'，例如 config：¦dimension：3，lt：'2012-05-12'，parser：'time'¦。

• 纯字符串比较也被支持，但是只能用在 = 或！= 上。而>，>=，<，<=并不支持纯字符串比较，也就是说这四个操作符的右值不能是字符串。

• reg 操作符能提供正则表达式比较。例如，¦dimension：'Name'，reg：/ \ s+Müller \ s *\$ /¦ 能在 Name 维度上选出姓 Müller 的数据项。

3. 关于逻辑比较

ECharts 也支持逻辑比较操作符"与或非"（and ¦ or ¦ not）。因此，"and、or、not"可以被嵌套：

```
config: {
  // 使用 and 操作符。
  // 类似地,同样的位置也可以使用 "or" 或 "not"。
  // 但是注意 "not" 后应该跟一个 {...} 而非 [...]。
  and: [
    { dimension: 'Year', ' = ': 2011 },
    { dimension: 'Price', '> = ': 20, '<': 30 }
  ]
}
// 这个表达的是,选出 2011 年价格大于等于 20 但小于 30 的数据项。
```

4. 关于解析器

可以指定解析器（parser）来对值进行解析后再做比较。目前支持的解析器有：

• parser：'time'：把原始值解析成时间戳（timestamp）后再做比较。这个解析器的行为和 echarts.time.parse 相同，即当原始值为时间对象（JS Date 实例），或者是时间戳，或者是描述时间的字符串（例如 '2012-05-12 03:11:22'），都可以被解析为时间戳，然后就可以基于数值大小进行比较。如果原始数据是其他不可解析为时间戳的值，那么会被解析为 NaN。

• parser：'trim'：如果原始数据是字符串，则把字符串两端的空格（全角半角）和换行符去掉。如果不是字符串，还保持为原始数据。

• parser：'number'：强制把原始数据转成数值。如果不能转成有意义的数值，那么转成 NaN。这个解析器在大多数场景下没有作用，因为按默认策略，"像数值的字符串" 就会被转成数值。但是默认策略比较严格，而这个解析器相对宽松，如遇到含有尾缀的字符串（例如 '33%'，12px），则需要手动指定 parser：'number'，从而去掉尾缀转为数值才能比较。

（四）sort

sort 是另一个内置的数据转换器，用于排序数据。目前主要能用于在类目轴（axis.type：'category'）中显示排过序的数据。

数据转换器 sort 还有一些额外的功能，如可以多重排序，多个维度一起排序。

排序规则如下：

• 默认按照数值大小排序。其中，"可转为数值的字符串" 也被转换成数值，和其他数值一起按大小排序。

• 对于其他 "不能转为数值的字符串"，也能在它们之间按字符串进行排序。这个特性有助于这种场景：把相同标签的数据项排到一起，尤其是当多个维度共同排序时。当 "数值及可转为数值的字符串" 和 "不能转为数值的字符串" 进行排序时，或者它们和 "其他类型的值" 进行比较时，它们本身是不知如何进行比较的。后者被称为 incomparable（不可比较的值），并且可以设置 incomparable：'min''max' 来指定一个 incomparable 在这个比较中是最大还是最小，从而能使它们能产生比较结果。这个设定的用途，比如可以是，决定空值（例如 null，undefined，NaN，'-'）在排序的头还是尾。

过滤器 filter：'time'｜'trim'｜'number' 可以被使用，和数据转换器 filter 中的情况一样。如果要对时间进行排序（例如，值为 JS Date 实例或者时间字符串如'2012-03-12 11:13:54'），则需要声明 parser：'time'；如果需要对有后缀的数值进行排序（如'33%'，'16px'）则需要声明 parser：'number'。

（五）使用外部的数据转换器

除了上述的内置的数据转换器外，也可以使用外部的数据转换器。外部数据转换器能提供或自己定制更丰富的功能。可以使用第三方库 ecStat 提供的数据转换器。

二、交互组件使用

除了图表外，ECharts 提供了很多交互组件。例如：图例组件 legend、标题组件 title、视觉映射组件 visualMap、数据区域缩放组件 dataZoom、时间线组件 timeline。

"概览数据整体，按需关注数据细节"是数据可视化的基本交互需求。dataZoom 组件能够在直角坐标系（grid）、极坐标系（polar）中实现这一功能。

dataZoom 组件可对数轴（axis）进行数据窗口缩放或数据窗口平移操作。可以通过 dataZoom. xAxisIndex 或 dataZoom. yAxisIndex 来指定 dataZoom 控制哪个或哪些数轴。

dataZoom 组件可同时存在多个，起到共同控制的作用。控制同一个数轴的组件，会自动联动。dataZoom 的运行原理是通过数据过滤来达到数据窗口缩放的效果。数据过滤模式的设置不同，效果也不同。

dataZoom 的数据窗口范围的设置，目前支持两种形式：百分比形式和绝对数值形式。

dataZoom 组件现在支持几种子组件：

• 内置型数据区域缩放组件（dataZoomInside）：内置于坐标系中。

- 滑动条型数据区域缩放组件（dataZoomSlider）：有单独的滑动条操作。

- 框选型数据区域缩放组件（dataZoomSelect）：全屏的选框进行数据区域缩放。

入口和配置项均在 toolbox 中。

```
dataZoom:[

{  // 这个 dataZoom 组件,默认控制 x 轴。

type: 'slider', // 这个 dataZoom 组件是 slider 型 dataZoom 组件

start: 10,        // 左边在 10% 的位置。

end: 60          // 右边在 60% 的位置。

}

],
```

使用上面代码所生成的图只能拖动 dataZoom 组件导致窗口变化。如果想在坐标系内进行拖动，以及用滚轮（或移动触屏上的两指滑动）进行缩放，那么要再加上一个 inside 型的 dataZoom 组件。直接在 option. dataZoom 中增加即可：

```
dataZoom: [

{  // 这个 dataZoom 组件,默认控制 x 轴。

type: 'slider', // 这个 dataZoom 组件是 slider 型 dataZoom 组件

    start: 10,        // 左边在 10% 的位置。

    end: 60          // 右边在 60% 的位置。

},

{  // 这个 dataZoom 组件,也控制 x 轴。

    type: 'inside', // 这个 dataZoom 组件是 inside 型 dataZoom 组件

    start: 10,        // 左边在 10% 的位置。

    end: 60          // 右边在 60% 的位置。

}

],
```

如果想 y 轴也能够缩放，那么在 y 轴上也加上 dataZoom 组件：

```
dataZoom: [
    {
        type: 'slider',
        xAxisIndex: 0,
        start: 10,
        end: 60
    },
    {
        type: 'inside',
        xAxisIndex: 0,
        start: 10,
        end: 60
    },
    {
        type: 'slider',
        yAxisIndex: 0,
        start: 30,
        end: 80
    },
    {
        type: 'inside',
        yAxisIndex: 0,
        start: 30,
        end: 80
    }
],
```

思考题

1. ECharts、HighCharts 和 D3 的区别是什么？

2. 使用 ECharts 构建基础条形图需要具有哪些配置项？

3. 数据集有哪些配置方法？

4. 使用异步加载的数据集如何制定维度？

5. 组件的定位需要配置哪些类型配置项？需要配置多少个配置项？

 参考文献

［1］赵守香，唐胡鑫，熊海涛．大数据分析与应用［M］．北京：航空工业出版社，2015.

［2］王斌会．多元统计分析及 R 语言建模［M］．广州：暨南大学出版社，2016.

［3］薛薇．R 语言：大数据分析中的统计方法及应用［M］．北京：电子工业出版社，2018.

［4］朱启．D3 4.x 数据可视化实战手册［M］．北京：人民邮电出版社，2019.

［5］普拉莫德·辛格．PySpark 机器学习、自然语言处理与推荐系统［M］．北京：清华大学出版社，2020.

后记

　　大数据时代的到来，让大数据技术受到了越来越多的关注。"大数据"三个字不仅代表字面意义上的大量非结构化和半结构化的数据，更是一种崭新的视角，即用数据化思维和先进的数据处理技术探索海量数据之间的关系，将事物的本质以数据的视角呈现在人们眼前。

　　随着数字经济在全球加速推进以及5G、人工智能、物联网等相关技术的快速发展，数据已成为影响全球竞争的关键战略性资源。我国对大数据产业的发展尤为重视，2013年至2020年，国家相关部委发布了25份与大数据相关的文件，鼓励大数据产业发展，大数据逐渐成为各级政府关注的热点。

　　大数据产业之所以被各级政府所重视，是因为它是以数据及数据所蕴含的信息价值为核心生产要素，通过数据技术、数据产品、数据服务等形式，使数据与信息价值在各行业经济活动中得到充分释放的赋能型产业，适合与各种行业融合，作为各种基础产业的助推器。大数据已不再仅仅是一种理论或视角，而是深入到每一个需要数据、利用数据的场景中去发挥价值、挖掘价值的实用工具。

　　我国的大数据产业正处于蓬勃发展的阶段，需要大量的专业人才为产业提供支撑。以《人力资源社会保障部办公厅　市场监管总局办公厅　统计局办公室关于发布人工智能工程技术人员等职业信息的通知》（人社厅发〔2019〕48号）为依据，在充分考虑科技进步、社会经济发展和产业结构变化对大数据工程技术人员专业要求的基础上，以客观反映大数据技术发展水平及其对从业人员的专业能力要求为目标，根据《大数据工程技术人员国家职业技术技能标准（2021 年版）》（以下简称《标准》）对大数据工程技术人员职业功能、工作内容、专业能力要求和相关知识要求的描述，人力资源社会保障部专业技术人员管理司指导工业和信息化部教育与考试中心，组织有关专家开展了大数据工程技术人员培训教程（以下简称教程）的编写工作，用于全国专业技术人员新职业培训。

大数据工程技术人员是从事大数据采集、清洗、分析、治理、挖掘等技术研究，并加以利用、管理、维护和服务的工程技术人员。其共分为三个专业技术等级，分别为初级、中级、高级。其中，初级、中级分为三个职业方向：大数据处理、大数据分析、大数据管理；高级不分职业方向。

与此相对应，大数据工程技术人员培训教程也分为初级、中级、高级培训教程，分别对应其专业能力考核要求。另外，还有一本《大数据工程技术人员——大数据基础技术》，对应其理论知识考核要求。初级、中级培训中，分别有三本教程对应初级、中级的大数据处理、大数据分析、大数据管理三个职业方向，高级教程不分职业方向，只有一本。

在使用本系列教程开展培训时，应当结合培训目标与受众人员的实际水平和专业方向，选用合适的教程。在大数据工程技术人员培训中，《大数据工程技术人员——大数据基础技术》是初级、中级、高级工程技术人员都需要掌握的；初级、中级大数据工程技术人员培训中，可以根据培训目标与受众人员实际，选用大数据处理、大数据分析、大数据管理三个职业方向培训教程的一至三种。培训考核合格后，获得相应证书。

大数据工程技术人员初级培训教程包含《大数据工程技术人员——大数据基础技术》《大数据工程技术人员（初级）——大数据处理与应用》《大数据工程技术人员（初级）——大数据分析与挖掘》《大数据工程技术人员（初级）——大数据管理》，共 4 本。《大数据工程技术人员——大数据基础技术》一书内容涵盖从事本职业（初级、中级、高级，不论职业方向）人员所需具备的基础知识和基本技能，是开展新职业技术技能培训的必备用书。《大数据工程技术人员（初级）——大数据处理与应用》一书内容对应《标准》中大数据初级工程技术人员大数据处理职业方向应该具备的专业能力要求,《大数据工程技术人员(初级)——大数据分析与挖掘》一书内容对应《标准》中大数据初级工程技术人员大数据分析职业方向应该具备的专业能力要求,《大数据工程技术人员(初级)——大数据管理》一书内容对应《标准》中大数据初级工程技术人员大数据管理职业方向应该具备的专业能力要求。

本教程读者为大学专科学历(或高等职业学校毕业)以上,具有较强的学习能力、计算能力、表达能力及分析、推理和判断能力,参加全国专业技术人员新职业培训的人员。

大数据工程技术人员需按照《标准》的职业要求参加有关课程培训,完成规定学时,取得学时证明。初级 128 标准学时,中级 128 标准学时,高级 160 标准学时。

本教程编写过程中,得到了人力资源社会保障部、工业和信息化部相关部门的正确领导,得到了一些大学、科研院所、企业的专家学者的大力帮助和指导,同时参考了多方面的文献,吸收了许多专家学者的研究成果,在此表示由衷感谢。

由于编者水平、经验与时间所限,本书的不足与疏漏之处在所难免,恳请广大读者批评与指正。

本书编委会